秒懂短视频

定位、拍摄、剪辑与运营

雷波◎编著

化学工业出版社

·北京·

内 容 简 介

本书针对短视频新手，讲解找定位、找对标账号、起账号、找选题、写脚本、写文案、买设备、拍视频、剪辑视频、做运营、分析数据等各种短视频知识。即便是一个新手，学习本书的内容后也能够创作出格式规范、内容优秀的短视频。

本书还附赠时长900分钟的剪映短视频后期剪辑课程，以及24大垂直类、2400个对标账号电子书。

本书特别适合希望在短视频领域创业的学习者，也可以作为各大中专院校开设的电子商务、营销、新媒体、数字艺术等相关课程的教材使用。

图书在版编目（CIP）数据

秒懂短视频：定位、拍摄、剪辑与运营 / 雷波编著 .
—北京：化学工业出版社，2023.2
ISBN 978-7-122-42641-3

Ⅰ . ①秒… Ⅱ . ①雷… Ⅲ . ①视频制作 Ⅳ . ① TN948.4

中国版本图书馆 CIP 数据核字（2022）第 245180 号

责任编辑：李　辰　吴思璇　孙　炜　　　　封面设计：异一设计
责任校对：王鹏飞　　　　　　　　　　　　装帧设计：盟诺文化

出版发行：化学工业出版社（北京市东城区青年湖南街 13 号　邮政编码 100011）
印　　装：北京瑞禾彩色印刷有限公司
710mm×1000mm 1/16　印张 9½　字数 221 千字　2023 年 6 月北京第 1 版第 1 次印刷

购书咨询：010-64518888　　　　　　　　售后服务：010-64518899
网　　址：http://www.cip.com.cn
凡购买本书，如有缺损质量问题，本社销售中心负责调换。

定　　价：59.00 元

前言

PREFACE

虽然已经有许多案例证明拍摄短视频是普通人微创业的上佳途径，但由于短视频微创业涉及太多知识，如找定位、找对标账号、起账号、找选题、写脚本、写文案、买设备、拍视频、剪辑视频、做运营、分析数据、开通橱窗、开通小店、搭建直播间、规划直播流程、分析直播数据等，因此对新手来说，难度的确较高。

当前在各类短视频平台上，有不少讲解短视频知识的播主，以超高学费招收短视频新手学员。

实际上，只要具备一定的自学能力，完全不必花费数千元甚至近万元参加培训班，更不必每天花费大量时间，在短视频平台收集各类碎片化知识。

解决方案之一就是这套"秒懂短视频"图书，本套书全面、系统地讲解了短视频微创业各方面的知识，覆盖上述列出的所有知识点，能够帮助新手快速入局短视频创作与运营。

本书是本套图书的第一本，目的是帮助新手了解短视频平台的底层运行逻辑与原理，为后面的学习与实战打下坚实的理论基础。

第 1 章是全书重中之重，不仅讲解了短视频的变现方式，而且讲解了平台运行核心（即推荐算法），以及官方定义的优质视频的标准。此外，针对新手一定要了解的找定位、找对标账号、起账号时应该注意的要点，也都一一做了讲解。

拍摄与剪辑视频是每个新手都要掌握的基本技术，本书第 2 章至第 5 章从视频美学理论、使用手机与相机拍摄视频的设置、运镜方式、镜头语言、视频剪辑底层逻辑等各个方面，对拍摄与剪辑视频进行了详细讲解。

本书第 6 章系统讲解了短视频的 7 大构成要素，即选题、内容、标题、音乐、字幕、封面、话题。即便是一个短视频创作新手，从第 1 章学习至第 6 章后，也能创作出格式规范、内容优秀的短视频。

第 7 章是本书最后一章，主要讲解短视频运营的相关知识，学习本章讲述的各种运营技巧，尤其是数据分析方法，能够使自己的账号更快、更好地成长。

除上述丰富的内容外，本书还附赠一门时长达到 900 分钟的剪映短视频后期剪辑课程，以及 24 大垂直类、2400 个对标账号电子书。

所有赠送课程，仅适用于个人学习者，且不可商用，违者必究。

必须指出的是，短视频领域变化极快，今天学习到的技巧与规则，也许下个月就会发生改变，因此，如果决心进入这个领域，就一定要做好终身学习的准备，保持对新鲜知识的敏感度，这样才不会掉队。

如果希望与笔者交流与沟通，可以添加本书专属微信 hjysysp，与作者团队在线沟通交流，还可以关注我们的抖音号"好机友摄影、视频"和"北极光摄影、视频、运营"。

编著者

目 录
CONTENTS

第 1 章 了解短视频创业途径、推荐算法与账号标签

第2章 掌握让视频更好看的美学基础

第3章 使用手机与相机录制视频的基本概念及操作方法

第4章 拍好视频必学的运镜方法、镜头语言

第5章 掌握视频剪辑底层逻辑及实用技法

第 6 章 深入掌握短视频作品七大构成要素

第 7 章 掌握实用运营技巧快速涨粉

第1章

了解短视频创业途径、推荐算法与账号标签

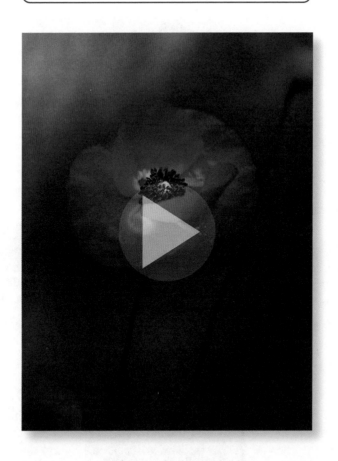

短视频创业的 18 种常见方式

短视频创作几乎是没有背景的普通人创业最好的途径之一，只要方法得当，就能用极低的成本获得很好的成绩。但在这之前，每个短视频创业者都有必要了解，短视频平台当前较主流的变现方式。

流量变现

流量变现是最基本的变现方式——把视频发布到平台上，平台根据视频播放量给予相应的收益。

比如，现在火山与抖音推出的"中视频伙伴计划"，如果播放量较高的话，视频流量收益还是很可观的。目前，大多数搞笑类及影视解说类账号均以此为主要收入。

图 1 所示为笔者参加"中视频伙伴计划"后，发布的几条视频的收益情况。由于视频定位于专业的摄影讲解，受众有限，因此播放量非常低，但第一条视频也在短短几天内获得了将近 40 元的收益。

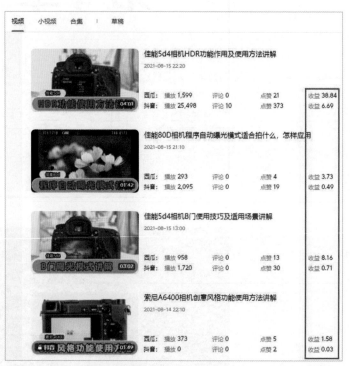

图 1

电商带货变现

视频带货是普通人在抖音平台较容易实现变现的途径之一。只要持续拍摄带货视频，就有可能在抖音平台通过赚取佣金的方式收获第一桶金。图 2 所示为一条毛巾带货视频，打开后会发现销售量达到了 25.6 万，如图 3 所示。

图 2

图 3

知识付费变现

知识付费变现是指通过视频为自己或别人的课程引流，最终达成交易。例如，图4所示为"北极光摄影"抖音号的引流视频，视频左下角的小黄车为付费课程，图5所示为点击进入抖音号主页后橱窗内展示的更多课程。

目前，在抖音上已经有数万名知识博主通过自己录制的视频课程成功变现，并涌现出一批像教英语的雪莉老师这种收入过千万的头部知识付费达人。

图4

图5

线下引流变现

引流到店变现分为两种情况，第一种是一些实体店商家会寻找抖音达人进行宣传，并依据宣传效果为达人支付报酬。

第二种是抖音达人本身就是实体店老板，通过在抖音发布视频起到引流到店的作用。当抖音观众前往店内并消费后，即完成变现。

图6所示为一条添加了线下店铺地址进行引流的美食类视频。

图7所示为一条引流到线下温泉酒店的视频。

图6

图7

扩展业务源变现

扩展业务源变现方法适用于有一定技术或手艺的创作者，如精修手机、编制竹制品、泥塑等。

只需将自己的工作过程拍成短视频，并发布到短视频平台，即可吸引大量客户。

抖音小店变现

抖音小店变现相当于橱窗变现的升级版。橱窗变现这种方式主要针对个人账号，而抖音小店变现针对的是商家、企业账号。

通过开通小店并上架商品后，将商品加入精选联盟，即可邀请达人带货，从而快速打开商品销路。

图 8 所示为小店的管理后台。

图 8

全民任务变现

全民任务是一种门槛非常低的变现方式，哪怕粉丝较少，也可以通过指定入口参与任务。选择任务，并发布满足任务要求的视频后，即可根据流量结算任务奖励。

进入"创作者服务中心"即可找到"全民任务"入口，如图 9 所示。点击"全民任务"图标，即可看到所有任务，如图 10 所示。

图 9

直播变现

直播带货是比短视频带货更有效的一种变现方式，但其门槛要比短视频带货高一些，建议新手从短视频带货做起。当短视频带货有所起色，积累一定数量的粉丝后，再着手进行直播带货。

此还，还可以依靠直播打赏进行变现。采用此种变现方式的主要是才艺类或户外类主播。

星图任务变现

星图是抖音官方为便于商家寻找合适的达人进行商务合作的平台。所谓"商务合作"，其实就是商家找到内容创作者，并为其指派广告任务。当宣传内容和效果达到商家要求后，即支付创作者报酬。

图 10

"游戏发行人计划"变现

"游戏发行人计划"是抖音官方开发的游戏内容营销聚合平台。游戏厂商通过该平台发布游戏推广任务，创作者按要求接单创作短视频。根据点击视频左下角进入游戏或进行游戏下载的观众数量，为短视频创作者结算奖励，从而完成变现。

小程序推广变现

小程序推广变现与"游戏发行人计划"变现非常相似，区别仅在于前者推广的是小程序，而后者推广的是游戏。也正因推广的目标不同，所以在拍摄视频以实现变现时，需要考虑的要素也有一定区别。

创作者可以在抖音中搜索"小程序推广"，找到对应的计划专题，如图 11 所示。

图 11

线下代运营变现

一些运营达人会发布一些视频传授抖音运营经验，并宣传自己"代运营账号"的业务，以此寻求变现。

这种变现方式往往与"知识付费变现"同时存在，即在提供代运营服务的同时，也售卖与运营相关的课程。

"拍车赚钱计划"变现

"拍车赚钱计划"是懂车帝联合抖音官方发起的汽车达人现金奖励平台。凡是拍摄指定车辆的视频，并通过任务入口发布后，根据播放量、互动率、内容质量等多项指标综合计算收益。此种变现方式非常适合卖一手车或二手车的内容创作者。

创作者可以在抖音中搜索"拍车赚钱"，找到对应的计划专题，如图 12 所示。

图 12

同城号变现

同城号变现是一种非常适合探店类账号的变现方式。通过深挖某一城市街头巷尾的小店，寻找好吃、好玩的地方，以此吸引同城的观众。

剪映模板变现

经常使用剪映剪辑视频，并参加剪映官方组织的活动，即有机会获得剪映模板创作权限。

获得该权限后，创建并上传剪映模板，除了可以获得剪映的模板创作激励金，当有用户购买模板草稿时，还可以获得一部分收益。

"抖音特效师计划"变现

"抖音特效师计划"是抖音为扶持原创特效道具创作者举办的一项长期活动。当创作者在抖音平台被认证为"特效师"，并发布原创特效道具后，可以根据该道具被使用的次数获得收益，如图13所示。

图13

另类服务变现

另类服务变现也可以被称为"创意服务变现"。

一些很少见的服务项目，如每天叫起床、每天按时说晚安或去夸一夸某个人等，都可以在抖音上通过短视频进行宣传，引起观众的兴趣，并吸引其购买该服务，进而成功变现。

此外，抖音中还有大量以起名、设计签名为主要服务内容的账号，如图14和图15所示。

所以，每一个创作者都应该想一想自己能否提供有特色的服务或产品，在抖音创作领域内流行这样一句话"万物皆可抖音卖"，值得每一个创作者深入思考。

图14

图15

视频赞赏变现

开通了视频赞赏功能的账号，可以在消息面板看到"赞赏"按钮，如图16所示，粉丝在观看视频时，可以长按视频页面，点击"赞赏"按钮，以抖币的形式进行打赏，如图17所示。

图16

图17

理解短视频变现途径的变化

"选择大于努力"这句话，相信大多数人都不陌生，在短视频变现领域，这句话也同样适用。短视频领域的创业者必须明白，每一个创业者都寄生于大的短视频平台，平台政策的变化，对创业者影响巨大，因此需要认真考虑、谨慎选择自己的变现途径。

虽然笔者列出了18种变现途径，但这绝不是一成不变的，随着平台的发展、业务的转型，肯定会出现新的变现途径，而现有的变现途径也可能消失。

例如，之所以有"游戏发行人计划"变现途径，是由于短视频平台希望发展自己的游戏业务，但如果某一天，由于政策等原因，短视频平台的游戏业务要裁员、缩减，则此计划随时会被终止。

同理，抖音特效师计划、剪映模板计划、拍车赚钱计划都存在不确定性，因为这些计划都是为了推广平台的一项短线业务。

如果恰好有能力执行这些计划，不妨先赚一波平台红利，但也要有计划终止，而自己的账号慢慢消亡的心理准备。

同时，不妨时刻关注短视频平台新业务的发展方向，所有的新业务在发展之初，都有不错的政策倾斜。例如，抖音的"中视频伙伴计划""图文计划""学浪计划"刚刚上线时，第一批加入计划的创作者都获得了不错的回报，所以保持对短视频平台发展动向的敏感度非常重要。

不同短视频变现方向对能力的要求

不同的短视频变现方向对创作者的能力要求不尽相同，下面笔者简单地进行分析，以便读者根据自己能力选择合适的创作方向。需要特别指出的是，下面所有强弱的定义都是相对而言的。另外，所有账号都需要较强的运营能力，所以对运营不进行讲解分析。

强内容、弱拍摄、强运营

以知识付费为主的口播类视频、以流量变现为主（如参加"中视频伙伴计划"）的视频，更强调内容价值，对拍摄与剪辑技术要求不太高。比如，对影视解说类账号就没有拍摄方面的要求。

弱拍摄、强技术、弱运营

"游戏发行人计划"、"抖音特效师计划"、剪映模板变现、运营托管等创业方向，对拍摄要求不高，但对软件运用等要求较高，此处的弱运营是指运营难度较对比其他方向低一些。

强拍摄、弱技术、强运营

颜值类、剧情类、视频带货类创作方向，前期拍摄很重要，需要通过主播的高颜值或较好的文案、脚本来吸引观众。尤其是视频带货竞争已经比较激烈，不再处于简单地展示产品特性的阶段，既要体现产品特性，又必须让视频好看、有趣，产品植入不留痕迹，因此难度上升不小。

强资源、弱拍摄、强运营

业务线上引流、抖音小店变现等方向，通常适合引向实体或产品资源的企业级账号，对拍摄要求不高，甚至可以用一个模板反复拍摄，反复发布同样的视频。

理解短视频平台的推荐算法

平台推荐算法的流程

理解短视频平台的推荐算法，有助于创作者从各个环节调整自己的创作思路，创作出"适销对路"的作品。

当创作者发布一条视频后，各个平台首先会按照这条视频的分类，将其推送给可能对这条视频感兴趣的一部分人。

例如，某创作者发布了一条搞笑视频，此时平台做的第一步是找到这条视频的观看用户。

平台选择用户的方法通常是，先从创作者的粉丝里随机找到 300 个左右对搞笑视频感兴趣的人，再随机找到 100 个左右同城观众与 100 个左右由于点赞过搞笑视频，或者长时间看过搞笑视频而被系统判定为对搞笑视频感兴趣的用户。

第二步是将这条视频推送给这些用户，即这些用户刷抖音时下一条刷到的就是这条搞笑视频，如图 18 所示。

第三步是系统通过分析这 500 个用户观看视频后的互动数据，来判断视频是否优质。

图 18

互动数据包括有多少用户看完了视频、是否在讨论区进行评论，是否点赞和转发，如图 19 所示。

如果互动数据比同类视频优秀，平台就会认为这是一条优质的视频，从而把视频推送到下一个流量池，这个流量池可能就是 3000 个对搞笑视频感兴趣的人。

反之，如果互动数据较差，则此视频将不会被再次推送，最终的播放数据基本上就是 500 左右。

如果被推送给 3000 人的视频仍然保持非常好的互动数据，则此视频将会被推荐到下一个更大的流量池。比如可能是 5 万这样一个级别，并按照同样的逻辑进行下一次的推送分发，最终可能出现一条播放达到数千万级别的爆款视频。

反之，如果在 3000 人的流量池中，互动数据与同类视频相比较差，则其播放量也就止步于 3000 左右了。

当然，这里只是简单模拟了各个视频平台的推荐流程。实际上，在这个推荐流程中，还涉及很多技术性参数。

但通过这个流程人们基本上能够明白，在刚刚发布一条视频的初期，每一批被推送的用户，直接决定着视频能否成为爆款，所以，视频成为爆款也存在一定的偶然性。

图 19

视频偶然性爆火的实战案例

基于视频火爆的偶然性,笔者在发布视频时,通常会将一条视频剪辑成为16:9与9:16两种画幅,分别在不同的时间发布在两个类型相同的账号上。

实践证明,这个举措的确挽救了多条爆款视频。

图20所示为笔者于2021年9月27日发布的一条讲解慢门的视频,数据非常一般,播放量不到2200。

但此视频内容质量过硬,所以笔者调整画幅后,重新于2021年9月30日发布在另一个账号上,获得了19万次的播放量、6729个赞,如图21所示。

图20

图22所示为另一个案例,第一次发布后只获得23个赞,所以直接将其隐藏。在修改画幅后发布于另一个账号,但数据仍较低,只获得25个赞,如图23所示。

图21

由于笔者坚信视频质量,因此再次对视频做了微调,并第三次发布于第一个账号上,终于获得1569个赞,如图24所示。

类似的案例还有很多,这充分证明了发布视频时的偶然性因素,值得各位读者思考。

图22

图23

图24

抖音官方定义优质带货视频的 7 大标准

抖音的推荐算法对优质视频有不小的加权，因此对新手创作者来说，如果在视频内容方面暂时还没有找到感觉，那么一定要先争取创作出符合抖音标准的优质视频，毕竟这些标准是稍加努力就可以做到的。

没有不良导向或低俗画面

平台对每条视频的审核包括画面内容、标题关键词、视频配音与背景音乐、人声。硬性标准是上述内容没有明显违法内容，没有明显违反著作权法，没有明显搬运抄袭他人作品的情况。

画质清晰，曝光正常

视频画质要清晰；背景曝光正常，明亮度合适，不用过度美颜磨皮。

要满足这两点，首先要使用可以拍出较好画质的手机与相机；其次，当拍摄场景是逆光、侧逆光时，一定要给主体对象补光；最后，在后期剪辑视频后一定要确保输出高清品质的视频。

不要遮挡关键信息

画面字幕尽量不遮挡关键内容。比如人脸、品牌信息、产品细节等。

字幕遮挡面部的错误较为低级，多数新手也可以避免。但字幕遮挡品牌及产品细节的小错误，却非常常见。

音质良好，人声稳定

确保视频中的人物配音吐字清晰、音质稳定，背景音乐不要过大，不能有嘈杂的背景环境音。

要做到这一点其实比较简单，只需创作者在录制视频的时候使用无线领夹麦即可。

背景布置干净整洁

视频背景要干净整洁，尤其是画面出现档口、柜台、生产线时，尽量减少杂乱画面的出现。

画面稳定，播放流畅

确保视频流畅不卡顿，在拍摄过程中避免画面晃动，尽量拍出稳定完美的效果。

视频卡顿现象经常出现在直播转录播时，如果在直播时网络卡顿，那么视频画面会同步停滞，所以在剪辑时要注意删除这类视频。对于画面晃动问题，如果用手机录制视频，尽量选择有防抖功能的款式，并使用三脚架，如果用单反相机录制视频，则可以考虑使用稳定器。

真人出镜，内容真实

抖音鼓励真人出镜讲解，不建议全程采用AI 配音，要保证商品讲解内容真实。

真人出镜是许多创作者的忌讳，有的是由于创作者对自己的相貌没有信心，有的是由于创作者的镜头表现力较弱，虽然本书也讲解了多种无须真人出镜的录制方法，但如果要树立真实的人设，还是建议各位尝试着真人出镜，只要多加练习，总能找到自然的状态。

对账号进行定位

俗话说"先谋而后动"，抖音是一个需要持续投入时间与精力的创业领域，为了避免长期投入成为沉没成本，每一个抖音创作者都必须在前期，着手做好详细的账号定位规划。

商业定位

与线下商业的创业原则一样，每一个生意的开端都起始于对消费者的洞察，更通俗一点的说法就是要明白"自己的生意，是赚哪类消费者的钱"。在考虑商业定位时，可以从两个角度分析。

第一个角度是从自己擅长的技能出发。

比如，健身教练擅长讲解与健身、减肥、调节身体亚健康为主的内容，那么主要目标群体就是久坐办公室的男性与女性。账号的商业定位就可以是销售与上述内容相关的课程及代餐、营养类商品，账号的主要内容就可以是讲解自己的健身理念、心得、经验、误区，解读相关食品的配方，晒自己学员的变化，展示自己的健身器械等。

如果创业者技能不突出，但自身颜值出众、才艺有特色，也可以从这方面出发，定位于才艺主播，以直播打赏作为主要的收入来源。

如果创业者技能与才艺都不突出，则需要找到自己热爱的领域，以边干边学的态度来做账号。例如，许多宝妈以小白身份进入分享家居好物、书单带货等领域，也取得了相当不错的成绩。但前提仍然是找准要持续发力的商业定位，即家居好物分享视频带货、书单视频推广图书。

所以，这种定位方法适合打造个人 IP 账号的个人创业者。

第二个角度是从市场空白出发。

比如，创业者通过分析发现当前儿童感觉统合练习是一个竞争并不充分的领域，也就是通常所说的蓝海。此时，可以通过招人、自播等多种形式，边干边学做账号。

这种方式比较适合有一定资金，需要通过团队合作运营账号的创业者。

第三个角度是从自身产品出发。

对许多已经有线下实体店、实体工厂的创业者来说，抖音是一个线上营销渠道。由于变现的主体与商业模式非常清晰，因此账号的定位就是为线下引流，或者为线下工厂产品打开知名度，或者通过抖音小店找到更多的分销达人，扩大自己产品的销量。

这类创作者通常需要做矩阵账号，以海量抖音流量使自己的商业变现规模迅速放大。

如果希望深入学习与研究商业定位，建议大家阅读学习杰克·特劳特撰写的《定位》。

垂直定位

需要注意的是，即使在多个领域都比较专业，也不要尝试在一个账号中发布不同领域的内容。

从观众角度来看，当你想去迎合所有用户，利用不同的领域来吸引更多的用户时，就会发现可能所有用户对此账号的黏性都不强。观众会更倾向于关注多个垂直账号来获取相关信息，因为在观众心中，总有一种"术业有专攻"的观念。

从平台角度来看，若一个账号的内容比较杂乱，则会影响内容推送精准度，进而导致视频的流量受限。

所以，账号的内容垂直比分散更好。

用户定位

无论是抖音上的哪一类创作者，都应该对以下几个问题了然于心。用户是谁？在哪个行业？消费需求是什么？谁是产品使用者，谁是产品购买者？用户的性别、年龄、地域是怎样的？

这其实就是目标用户画像。因为即便是同一领域的账号，当用户不同时，不仅产品不同，最基础的视频风格也会截然不同。所以明确用户定位是确定内容呈现方式的重要前提。

比如，做健身类的抖音账号，如果受众是年轻女性，那么视频中就要有女性健身方面的需求，比如美腿、美臀、美背等。图 25 所示即典型的以年轻女性为目标群体的健身类账号。如果受众定位是男性健身群体，那么视频就要着重突出各种肌肉的训练方法，图 26 所示即典型的以男性为主要受众的健身类账号。即便不看内容，只通过封面，就可以看出受众不同，因此用户对内容的影响是非常明显的。

图 25

图 26

对标账号分析及查找方法

可以说抖音是一场开卷考试，对新手来说，最好的学习方法就是借鉴，最好的老师就是有成果的同行。因此一定要学会寻找与自己处于同一赛道的对标账号，分析学习经过验证的创作手法与思路。

更重要的是可以通过分析这些账号的变现方式与规模，来预判自己的收益，并根据对这些账号的分析来不断地微调自己账号的定位。

查找对标账号的方法如下。

1. 在抖音顶部搜索框中输入要创建的视频主题词，例如"电焊"话题。

2. 点击"视频"右侧的筛选按钮 ☷ 。

3. 选择"最多点赞""一周内""不限"3 个选项，以筛选出近期的爆款视频，如图 27 所示。

4. 观看视频时通过点击头像进入账号主页，进一步了解对标信息。

5. 也可以点击"用户""直播""话题"等标题，以更多方式找到对标账号，进行分析与学习，如图 28 所示。

还可以在抖音搜索"创作灵感"，点击进入热度高的创作灵感主题，然后点击"相关用户"，找到大量对标账号。

图 27

图 28

创建抖音账号的学问

确定账号的定位后就需要开始创建账号，比起早期的无厘头与随意，现在的抖音由于竞争激烈，因此创建账号之初就需要在各个方面精心设计。下面介绍关于抖音账号的设计要点。

为账号取名的 6 个要点

字数不要太多

简短的名字可以让观众一眼就知道这个抖音号或者快手号叫什么，让观众哪怕是无意中看到了你的视频，也可以在脑海中形成一个模糊的印象。当你的视频第二次被看到时，其被记住的概率将大大提高。

另外，简短的名字比复杂的名字更容易记忆，建议将名字的长度控制在 8 个字以内。比如，目前抖音上的头部账号：疯狂小杨哥、刀小刀 sama、我是田姥姥等，其账号名称长度均在 8 个字以内，如图 29 所示。

不要用生僻字

如果观众不认识账号名，则对宣传推广是非常不利的，所以尽量使用常用字作为名字，可以让账号的受众更广泛，也有利于运营时的宣传。

在此特别强调一下账号名中带有英文的情况。如果账号发布的视频，其主要受众是年轻人，在名字中加入英文可能显得更时尚；而如果主要受众是中老年人，则建议不要加入英文，因为这部分人群对自己不熟悉的领域往往有排斥心理，当看到不认识的英文时，则很可能不会关注该账号。

体现账号所属垂直领域

如果账号主要发布某一个垂直领域的视频，那么在名字中最好能够有所体现。

比如央视新闻，一看名字就知道是分享新闻视频的账号；而 51 美术班，一看名字就知道是分享绘画相关视频的账号，如图 30 所示。

体现账号所属垂直领域的优点在于，当观众需要搜索特定类型的短视频账号时，将大大提高你的账号被发现的概率。同时，也可以通过名字给账号打上一个标签，精准定位视频受众。当账号具有一定的流量后，变现也会更容易。

图 29

图 30

使用品牌名称

如果在创建账号之前就已经拥有自己的品牌，那么直接使用品牌名称即可。这样不仅可以对品牌进行一定的宣传，在今后的线上和线下联动运营时也更方便，如图31所示。

图31

使用与微博、微信相同的名字

使用与微博、微信相同的名字可以让周围的人快速找到你，并有效利用其他平台积攒的流量，作为在新平台起步的资本。

让名字更具亲和力

一个好名字一定是具有亲和力的，这可以让观众更想了解博主，更希望与博主进行互动。而一个非常酷、很有个性却冷冰冰的名字，则会让观众产生疏远感。即便很快记住了这个名字，也会因为心理的隔阂而不愿意去关注或与之互动。

所以无论是在抖音还是在快手平台，都会看到很多比较萌、比较温和的名字。比如"韩国媳妇大璐璐""韩饭饭""会说话的刘二豆"等，如图32～图34所示。

图32

图33

图34

为账号设置头像的4个要点

头像要与视频内容相符

一个主打搞笑视频的账号，其头像自然也要诙谐幽默，如"贝贝兔来搞笑"，如图35所示。一个主打真人出境、打造大众偶像的视频账号，其头像当然要选个人形象照，如"李佳琦Austin"，如图36所示。

而一个主打萌宠视频的账号，其头像最好是宠物照片，如"金毛～路虎"，如图37所示。

如果说账号名是招牌，那么头像就是店铺的橱窗，需要通过头像来直观地表现出视频主打的内容。

图35

图36

图37

头像要尽量简洁

头像也是一张图片，而所有宣传性质的图片，其共同特点就是"简洁"。只有简洁的画面才能让观众一目了然，并迅速对视频账号产生基本了解。

如果是文字类的头像，则字数尽量不要超过 3 个字，否则很容易显得杂乱。

另外，为了让头像更明显、更突出，尽量使用对比色进行搭配，如黄色与蓝色、青色与紫色、黑色与白色等，如图 38 所示。

图 38

头像应与视频风格相吻合

即便属于同一个垂直领域的账号，其风格也会有很大区别。而为了让账号特点更突出，在头像上就应该有所体现。

比如，同样是科普类账号的"笑笑科普"与"昕知科技"，前者的科普内容更偏向于生活中的冷门小知识，而后者则更偏向于对高新技术的科普。两者的风格不同，使得"笑笑科普"的头像显得比较诙谐幽默，如图 39 所示。

图 39

使用品牌 LOGO 作为头像

如果是运营品牌的视频账号，与使用品牌名称作为名字类似，使用品牌 LOGO 作为头像既可以起到宣传的作用，又可以通过品牌积累的资源让短视频账号更快速地发展，如图 40 所示。

图 40

编写简介的 4 个要点

通过个性化的头像和名字可以快速吸引观众的注意力，但显然无法让人对账号内容产生进一步了解。而简介就是让观众在看到头像和名字的下一秒继续了解账号的关键。绝大多数的"关注"行为，通常是在看完简介后出现的，下面介绍简介撰写的 4 个关键点。

语言简洁

观众决定是否关注一个账号所用的时间大多在 5 秒以内。在这么短的时间内，几乎不可能去阅读大量的介绍性文字，因此简介撰写的第一个要点就是务必简洁，并且要通过简洁的文字，尽可能多地向观众输出信息。如图 41 所示的健身类头部账号"健身 BOSS 老胡"，短短 3 行，不到 40 个字，就介绍了自己、账号内容和联系方式。

图 41

每句话要有明确的目的

正是由于简介的语言必须简洁，所以要让每一句话都有明确的意义，防止观众在看到一句不知所云的简介后就转而去看其他的视频。

这里举一个反例。比如，一个抖音号简介的第一句话是"元气少女能量满满"。这句话看似介绍了自己，但仔细想想，观众仍然不能从这句话中认识你，也不知道你能提供什么内容，所以相当于是一句毫无意义的话。

而优秀的简介应该是每一句话、每一个字都有明确的目的，都在向观众传达必要的信息。

比如，图 42 所示的抖音号"随手做美食"的简介一共有 4 行字，第 1 行指出商品购买方式；第 2 行表明账号定位和内容；第 3 行给出联系方式；第 4 行宣传星图有利于做广告。言简意赅，目的明确，让观众在很短的时间内就获得了大量的信息。

图 42

简介排版要美观

简介作为在主页上占比较大的区域，如果是密密麻麻一大片文字直接显示在界面上，势必会影响整体观感。建议在每句话写完之后，换行再写下一句，并且尽量让每一句话的长度基本相同，从而让简介看起来更整齐。

如果在文字内容上确实无法做到规律而统一，可以像图 43 所示那样，加一些有趣的图案，让简介看起来更加活泼、可爱一些。

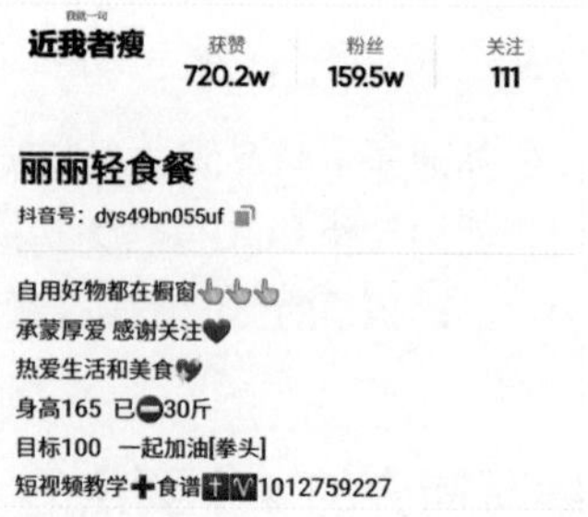

图 43

可以表现一些自己的小个性

目前，在各个领域都已经存在大量的短视频。要想突出自己制作的内容，就要营造差异化，于简介而言也不例外。除了按部就班、一板一眼地介绍自己、账号定位与内容，部分表明自己独特观点，或者体现自己个性的文字，同样可以在简介中出现。

图 44 所示的"小马达逛吃北京"的简介中，就有一条"干啥啥不行 吃喝玩乐第一名"的文字。

其中"干啥啥不行"这种话，一般是不会出现在简介中的，这就与其他抖音号形成了一定的差异，而且这种语言也让观众感受到了一种玩世不恭与随性自在，体现出了内容创作者的个性，拉近了其与观众的距离，从而对粉丝转化起到一定的促进作用。

图 44

简介应该包含的 3 大内容

所谓"简介",就是指简单地介绍自己。那么,在尽量简短并且言简意赅的情况下,该介绍哪些内容呢?以下内容是笔者建议通过简介来体现的。

我是谁

作为内容创作者,在简介中介绍"我是谁",可以增加观众对内容的认同感。

在图 45 所示的抖音号"徒手健身干货 - 豪哥"的简介中,就有一句"2017 中国街头极限健身争霸赛冠军"的介绍。这句话既让观众更了解了内容创作者,也表明了其专业性,让观众更愿意关注该账号。

图 45

能提供什么价值

观众之所以会关注某个抖音号,是因为其可以提供价值,如搞笑账号能够让观众开心,科普账号能够让观众长知识,美食类账号可以教观众做菜等。所以,在简介中要通过一句话表明账号能够提供给观众的价值。

这里依旧以"徒手健身干货 - 豪哥"抖音号的简介为例,其第一句话"线上一对一指导收学员(提升引体次数、俄挺、街健神技、卷身上次数)"就是在表明其价值。看到简介中的内容后,希望在这方面有所提高的观众,大概率会关注该账号。

账号定位是什么

所谓"账号定位",其实就是告诉观众账号主要做哪方面的内容,从而达到不用观众去翻之前的视频,尽量保证在 5 秒内打动观众,使其关注账号的目的。

比如,在图 46 所示的抖音号"谷子美食"的简介中,"每天更新一道家常菜,总有一道适合您"就向观众表明了账号内容属于美食类,定位是家常菜,更新频率是"每天",从而让想学习做一些不太难且美味的菜品的观众更愿意关注该账号。

图 46

背景图的 4 大作用

通过背景图引导人们关注

通过背景图引导人们关注是最常见的发挥背景图作用的方式。因为背景图位于画面的最上方，相对比较容易被观众看到。再加上图片可以带给观众更强的视觉冲击力，所以往往会被用来通过引导的方式直接提高粉丝转化率，如图 47 所示。

但对还没有形成影响力与号召力的新手账号来说，不建议采用这种背景图。

图 47

展现个人专业性

如果是通过自己在某个领域的专业性进行内容输出，进而通过带货进行变现，那么背景图可以用来展现自己的专业性，从而增强观众对内容的认同感。

图 48 所示的健身抖音号就是通过展现自己的身材，间接证明自己在健身领域的专业性，进而提高粉丝转化率的。

图 48

充分表现偶像气质

具有一定颜值的内容创作者，可以将自己的照片作为背景图使用，充分展现自己的偶像气质，也能够让主页更加个人化，拉近与观众的距离。

图 49 所示的剧情类抖音号就是通过将视频中的男女主角作为背景图，通过形象来营造账号的吸引力的。

图 49

宣传商品

如果带货的商品集中在一个领域，那么可以利用背景图为售卖的产品做广告。比如，在"好机友摄影、视频"抖音号中，其中一部分商品是图书，就可以通过背景图进行展示，如图 50 所示。

这里需要注意的是，所展示的商品最好是个人创作的，如教学课程、手工艺品等。这样除了能起到宣传商品的作用，还是一种专业性的表现。

图 50

认识账号标签

账号标签是抖音推荐视频时的重要依据，标签越明确的账号，看到其视频的观众与内容的关联性越高，越会有更多真正对你的内容感兴趣的观众看到这些视频，点赞、转发或评论量自然就越高。

每个抖音账号都有 3 个标签，分别是内容标签、账号标签和兴趣标签。

内容标签

所谓"内容标签"，即作为视频创作者，每发布一条视频，抖音就会为其打上一个标签。随着发布相同标签的内容越来越多，其视频推送会越精准。这也是建议各位读者在垂直领域做内容的原因。连续发布相同标签内容的账号，与经常发送不同标签内容的账号相比，其权重也会更高。高权重的账号可以获得抖音更多的资源倾斜。

账号标签

正如上文所述，当一个账号的内容标签基本相同，或者说内容垂直度很高时，抖音就会为这个账号打上标签。一旦拥有了账号标签，就证明该账号在垂直分类下已经具备一定的权重，可以说是运营阶段性成功的表现。

要想获得账号标签，除了所发布视频的内容标签要一致，还要让头像、名字、简介、背景图等都与标签相关，从而提高获得账号标签的概率。

比如，图 51 所示的具有"美食"账号标签的抖音号"杰仔美食"，其头像是"杰仔"，名字中带"美食"，背景图也与美食相关，再加上言简意赅的简介，账号整体性很强。

兴趣标签

所谓"兴趣标签"，即该账号经常浏览哪些类型的视频，就会被打上相应的标签。比如，

一位抖音用户经常观看美食类视频，那么抖音就会为其贴上相应的兴趣标签，并更多地为其推送与美食相关的视频。

因为一个人的兴趣可能有很多种，所以兴趣标签并不唯一。抖音会自动根据观看不同类型视频的时长及点赞等操作，将兴趣标签按优先级排序，并分配不同数量的推荐视频。

正是因为抖音账号有上述几个标签，而不像以前只有一个标签，所以"养号"操作已经不复存在。各位内容创作者再也不需要通过大量浏览与所发视频同类的内容来为账号打上标签了。

总结起来，在以上 3 种标签中，内容标签是视频维度的，账号标签是账号维度的，兴趣标签是创作者本身浏览行为维度的。

内容标签会对账号标签产生影响，但是兴趣标签不会影响内容标签和账号标签。

图 51

如何判断账号是否有内容标签

如前所述，兴趣标签与运营账号无关，不需要特别关注。但账号标签和内容标签涉及视频的精准投放，所以在运营一段时间后，创作者需要关注自己的账号是否已被打上了精准的账号标签。

创作者可以通过在抖音中搜索创作灵感的方法，来判断自己的账号是否有正确的内容标签。

1. 关注并进入"创作灵感小助手"主页，点击主页上的官方网站链接，如图 52 所示。

2. 查看推荐的创作话题，如果推荐的话题与自己创作的内容方向一致，就代表已经打上了相关内容标签，如图 53 所示。

图 52

图 53

手动为账号打标签

1. 点击抖音 App 右下角"我"，点击右上角的三条杠，点击"创作者服务中心"选项，显示如图 54 所示的界面。

2. 在头像下方点击"添加标签"选项，显示如图 55 所示的标签选择页面。

3. 选择与自己相关的领域标签，点击"下一步"按钮。

4. 选择更细分的内容类型，如图 56 所示，点击"完成"按钮。

5. 显示保存标签的页面，如图 57 所示，提示创作者每间隔 30 天才可以修改一次。

需要注意的是，截至 2022 年 2 月，此功能仍然属于内测阶段，也就是说并不是所有创作者都可以在后台按上述方法操作成功。

图 54

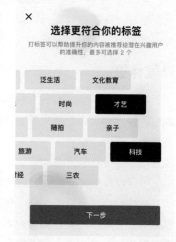

图 55

图 56

图 57

第 2 章

掌握让视频更好看的美学基础

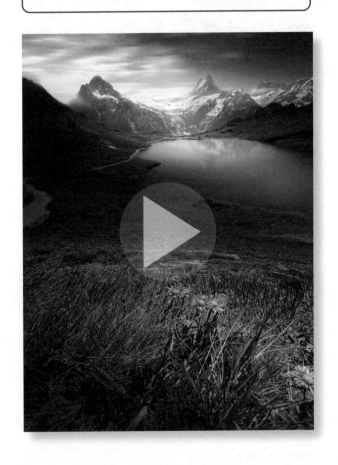

摄影构图与摄像构图的异同

在当前的视频时代，许多摄影师并非纯粹地拍摄静态照片，还会拍摄各类视频。因此，笔者认为有必要对摄影构图与摄像构图的异同进行阐述，以便各位读者在掌握本书所讲述的知识后，除了可以应用到照片拍摄活动中，还能够灵活地运用到视频拍摄领域。

相同之处

两者的相同之处在于，视频画面也需要考虑构图，而在考虑构图手法时，应用到的知识也与静态的摄影构图没有区别。所以，在欣赏优秀的电影作品、电视剧时，将其中的一个静帧抽取出来欣赏，其美观度不亚于一张用心拍摄的静态照片，图 1 所示为电影《妖猫传》的一个画面，不难看出来，导演在拍摄时使用了非常严谨的对称式构图。

图 1

这也就意味着，本书虽然主要讲解的是静态摄影构图，但其中涉及的构图法则、构图逻辑等理论知识，也完全可以应用于视频拍摄。

不同之处

由于视频是连续运动的画面，所以构图时不仅要考虑当前镜头的构图，还需要统合考虑前后几个镜头，从而形成一个完整的镜头段落，以这个段落来表达某一主题，所以如果照片是静态构图，那么视频可以称为动态构图。

例如，要表现一栋大楼，如果采用摄影构图，通常以广角镜头来表现。如果拍摄视频，首先以低角度拍摄建筑的局部，再从下往上摇镜头，则更能表现其雄伟气派，因为这样的镜头类似于人眼的观看方式，所以更容易让人有身临其境的感觉。

在拍摄视频时，需要分镜头脚本，以确定每一个镜头表现的景别及要重点突出的内容，不同镜头之间相互补充，然后通过一组镜头形成完整的作品。

也正因如此，在拍摄视频的过程中，要重点考虑的是一组镜头的总体效果，而不是某一个静帧画面的构图效果，要按局部服从整体的原则来考虑构图。

当然，如果有可能，每一个镜头的构图都非常美观是最好的，但实际上，这很难保证，因此不能按静态摄影构图的标准来要求视频画面的构图效果。

另外，在拍摄静态照片时，会运用竖画幅、方画幅构图，但除非用于上传至抖音、快手等短视频平台，通常在拍摄视频时，不太可能使用这两种画幅进行构图。

5 个使画面简洁的方法

画面简洁的一个重要目的就是力求突出主体。下面介绍 5 个常用的使画面简洁的方法。

仰视以天空为背景

如果拍摄现场太过杂乱，而光线又比较均匀，可以用稍微仰视的角度进行拍摄，以天空为背景，营造比较简洁的画面，如图 2 所示。

可以根据画面的需求，适当调亮画面或压暗画面，使天空过曝成为白色或变为深暗色，以得到简洁的背景，这样主体在画面中会更加突出。

图 2

俯视以地面为背景

如果拍摄环境中的条件限制太多，没有合适的背景，也可以以俯视的角度进行拍摄，将地面作为背景，从而营造出比较简单的画面，如图 3 所示。使用这种方法时可以因地制宜，例如，在水边拍摄时，可以将水面作为背景；在海边拍摄时，可以将沙滩作为背景；在公园拍摄时，可以将草地作为背景。

如果俯视拍摄时元素也显得非常多且杂乱，要注意使用手机的长焦段或给相机安装长焦镜头，只拍摄局部特写。

图 3

找到纯净的背景

要想使画面简洁，背景越简单越好。由于手机不能营造比较浅的景深，也就是说，背景不可能虚化得非常明显。

为了使画面看起来干净、简洁，最好选择比较简单的背景，可以是纯色的墙壁，也可以是结构简单的家具，或者画面内容简单的装饰画等。背景越简单，被摄主体在画面中就越突出，整个画面看起来也就越简单、明了，如图4所示。

此时，一定把握简洁的度，视频不同于照片，在短视频平台发布的视频中，过于简单的画面对观众的吸引力较弱。

故意使背景过曝或欠曝

如果拍摄的环境比较杂乱、无法避开，可以利用调整曝光的方式来达到简化画面的目的。根据背景的明暗情况，可以考虑使背景过曝成为一片浅色或欠曝成为一片深色。

要让背景过曝，就要在拍摄时增加曝光；反之，应该在拍摄时降低曝光，让背景成为一片深色，如图5所示。

使背景虚化

利用朦胧虚化的背景，可以有效突出主体，增强视频画面的电影感。目前大部分手机均有人像模式、大光圈模式和微距模式，可以使用这些模式虚化背景。

如果使用的是相机，则可以用大光圈或长焦距来获得漂亮的虚化效果。

此外，近距离拍摄主体，或让主体与背景拉开较远距离，可以增强虚化效果，如图6所示。

图4

图5

图6

9 种常用的构图法则

构图法则是经过实践检验的视觉美学定律，无论是拍摄照片还是拍摄视频，只要在拍摄过程中遵循这些构图法则，就能够使视频画面的视觉美感得到大幅度提升，下面介绍 9 种常用的构图法则。

三分法构图

三分法构图是黄金分割构图法的简化版，以 3×3 的网格对画面进行分割，主体位于任意一条三分线或交叉点上，都可以得到突出表现，并且给人以平衡、不呆板的视觉感受，如图 7 所示。

现在大多数手机、相机都有网格线辅助构图功能，可以帮助创作者进行三分法构图。

图 7

散点式构图

散点式构图看似很随意，但一定要注意点与点的分布要匀称，不能出现一边很密集，另一边很稀疏的情况，否则画面会给人一种失重的感觉。

使用散点式构图时，点与点之间要有一定的变化，如大小对比、颜色对比等，否则画面会显得很呆板。

这种构图形式常用于拍摄花卉、灯、糖果等静物题材，如图 8 所示。

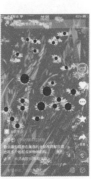

图 8

水平线构图

水平线构图能使画面在左右方向产生视觉延伸效果，增加画面的视觉张力，获得宽阔、安宁、稳定的画面效果。在拍摄时，可根据拍摄对象的具体情况，安排、处理画面的水平线位置。

例如，图 9~ 图 11 所示的 3 张照片就是根据画面所要表达的重点不同，使用了 3 种不同高度的水平线构图方式。

如果想着重表现地面景物，可将水平线安排在画面的上 1/3 处，避免天空在画面中所占比例过大。

反之，如果天空中有变幻莫测、层次丰富、光影动人的云彩，可将画面的表现重点集中于天空，此时可调整画面水平线，将其放置在画面的下 1/3 处，从而使天空在画面中所占的比例较大。

除此之外，还可以将水平线放置在画面的中间位置，以均衡对称的画面形式呈现出开阔、宁静的画面效果，此时地面与天空各占画面的一半。

当使用这种构图法则时，通常要配合横画幅拍摄。

图 9

图 10

图 11

垂直线构图

与水平线构图类似，垂直线构图能使画面在上下方向产生视觉延伸效果，可以加强画面中垂直线条的力度和形式感，给人以高大、威严的视觉感受。摄影师在构图时可以通过单纯截取被摄对象的局部，来获得简练的由垂直线构成的画面效果，使画面呈现出较强的形式美感。

为了获得和谐的画面效果，不得不考虑线条的分布与组成。在安排垂直线时，不要让它将画面割裂，这种构图形式常用来表现树林和高楼林立的画面，如图12所示。

图12

斜线构图

斜线构图能使画面产生动感，并沿着斜线的两端方向产生视觉延伸效果，增强了画面的延伸感。另外，斜线构图打破了与画面边框相平行的均衡形式，与其产生势差，从而突出和强调斜线部分。

使用手机拍摄时握持姿势比较灵活，因此为了使画面中出现斜线，也可以斜着拿手机进行拍摄，使原本水平或者垂直的线条在手机屏幕的取景画面中变成一条斜线，如图13所示。

图13

对称构图

对称构图是指画面中的两部分景物以某根线为轴，轴两侧的事物在大小、形状、距离和排列等方面相互平衡、对等的一种构图形式，如图 14 所示。

通常采用这种构图形式来表现拍摄对象上下（左右）对称的画面，有些对象本身就有上下（左右）对称的结构，如鸟巢、国家大剧院等就属于自身结构是对称形式的。因此，摄影中的对称构图实际上是对生活中对称美的再现。

还有一种对称式构图是由主体与反光物体中的虚像形成的，这种画面给人一种协调、平静和秩序感。

图 14

框式构图

框式构图是借助被摄物自身或被摄物周围的环境，在画面中制造出框形的构图形式，从而将观赏者的视点"框"在主体上，使其得到观赏者的特别关注，如图 15 所示。

"框"的选择主要取决于其是否能将观赏者的视点"框取"在主体物之上，而并不一定非得是封闭的框状，除了使用门、窗等框形结构，树枝、阴影等开放的、不规则的"框"也常常被应用到框式构图中。

图 15

透视牵引构图

透视牵引构图能将观赏者的视线及注意力有效地牵引、聚集在画面中的某个点或线上，形成一个视觉中心。它不仅对视线具有引导作用，还可大大加强画面的视觉延伸性，增强画面的空间感，如图16所示。

画面中相交的透视线条形成的角度越大，画面的视觉空间效果越显著，因此拍摄时的镜头视角、拍摄角度等都会对画面透视效果产生相应的影响。例如，镜头视角越广，越可以将前景更多地纳入画面中，从而加大画面最近处与最远处的差异对比，获得更大的画面空间深度。

图16

曲线构图

S形曲线构图是指通过调整拍摄的角度，使所拍摄的景物在画面中呈现S形曲线的构图手法，如图17所示。由于画面中存在S形曲线，因此其弯曲所形成的线条变化能够使观众感到趣味无穷，这也正是S形构图照片的美感所在。

如果拍摄的题材是女性人像，可以利用合适的摆姿使画面中出现漂亮的S形曲线。

在拍摄河流、道路时，也常用S形曲线构图手法来表现河流与道路蜿蜒向前的感觉，如图18所示。

图17

图18

依据不同光线的方向特点进行拍摄

善于表现色彩的顺光

当光线照射方向与手机或相机拍摄方向一致时，这时的光线即为顺光，如图 19 所示为顺光示意图，如图 20 所示为在顺光下拍摄的视频画面。

在顺光照射下，景物的色彩饱和度很高，拍出来的画面通透、颜色亮丽。

对多数视频创作新手来说，建议先从顺光开始练习拍摄，因为使用顺光能够降低出错的概率。

顺光除了可以拍出颜色亮丽的画面，因其没有明显的阴影或投影，所以很适合拍摄女孩子，可以使其脸上没有阴影，尤其是用手机自拍时，这种光线比较好掌握。

但顺光也有不足之处，即顺光照射下的景物受光均匀，没有明显的阴影或者投影，不利于表现景物的立体感与空间感，画面比较呆板乏味。

为了弥补顺光的缺点，需要让画面层次更加丰富。例如，使用较小的景深突出主体；或者在画面中纳入前景来增加画面层次感；或者利用明暗对比的方式，也就是指以深暗的主体景物搭配明亮的背景或前景，或者以明亮的主体景物搭配深暗的背景。

图 19　顺光示意图

图 20

善于表现立体感的侧光

当光线照射方向与手机拍摄方向成90°角时，这种光线即为侧光，如图21所示为侧光示意图及示例效果。

侧光是风光摄影中运用较多的一种光线，这种光线非常适合表现物体的层次感和立体感。因为在侧光照射下，景物的受光面在画面上构成明亮的部分，而背光面形成暗部，明暗对比明显。

景物处在这种光照条件下，轮廓比较鲜明，纹理也很清晰，立体感强。用这个方向的光线进行拍摄最容易出效果，所以很多摄影爱好者都用侧光来表现建筑物、大山的立体感。

图21 侧光示意图

逆光环境的拍摄技巧

逆光是指从被摄景物背面照射过来的光，被摄主体的正面处于阴影中，而背面为受光面，如图22所示为逆光示意图及示例效果。

在逆光下拍摄景物，如果让主体曝光正常，较亮的背景则会过曝；如果让背景曝光正常，那么主体往往很暗，缺少细节，形成剪影。所以，在逆光下拍摄剪影是最常见的拍摄方法。

考虑到拍摄视频的目的是"叙事"，因此拍摄没有细节剪影并不太适合。

所以，在拍摄时无论是使用手机还是使用相机，要确保被拍摄主体曝光基本正常。此时，即使背景有过曝的情况，也是可以接受的。

如果需要拍摄剪影素材，测光位置应选择背景相对明亮的位置，点击手机屏幕中的天空部分即可。使用相机拍摄时，要对准天空较亮处测光，再按下曝光锁定按钮开始拍摄。

图22 逆光示意图

若想使剪影效果更明显，则可以在手机或相机上减少曝光补偿。

依据光线性质表现不同风格的画面

用软光表现唯美风格的画面

软光实际上就是没有明确照射方向的光，如阴天、雾天、雾霾天的天空光，或者添加柔光罩的灯光等。

在这种光线下拍摄的画面没有明显的受光面、背光面和投影关系，在视觉上明暗反差小，影调平和，适合拍摄写实的画面，如图 23 所示。

在室内拍摄视频时，通常要使用有大面积柔光罩的灯具的原因也在于此。

拍摄人像时常用散射光表现女性柔和、温婉的气质和嫩滑的皮肤质感。

图 23

用硬光表现有力度的画面

当光线没有经过任何介质散射或反射，直接照射到被摄物体上时，这种光线就是硬光，其特点是明暗过渡区域较小，给人以明快的感觉，如图 24 所示。

直射光的照射会使被摄物体产生明显的亮面、暗面与投影，因而画面会表现出强烈的明暗对比，从而增强景物的立体感。

这种光线非常适合拍摄表面粗糙的物体，特别是在塑造被摄主体"力"和"硬"的气质时，可以发挥直射光的优势。

在室内拍摄视频时，要注意观察天气与拍摄场地，如果万里无云，并且在中午前后拍摄，则光线较硬，会使视频画面有明显的明暗对比。

如果在阴天或早上、傍晚时分拍摄，则光线会柔和许多。

图 24

如何用色彩渲染画面的情感

让画面更有冲击力的对比色

在色彩圆环上位于相对位置的色彩，即为对比，如图25所示。在一张照片中，如果同时出现具有对比效果的色彩，会使画面产生强烈的色彩对比，给人留下深刻的印象。

无论是拍摄照片还是拍摄视频，通过色彩对比来突出主体是最常用的手法之一。

无论是利用天然的、人工布置的，还是通过后期软件进行修饰，都可以通过明显的色彩对比，突出主体对象。

在对比色搭配中，最明显也最常用的就是冷暖对比。一般来说，在画面中暖色会给人向前的感觉，冷色则给人后退的感觉，这两者结合在一起就会产生纵深感，并使画面具有视觉冲击力。

例如，在实际拍摄过程中，可以在以蓝色为主色调的场景中，安排黄色的被拍摄主体；在以青色为主色调的场景中，安排洋红色的被拍摄主体。

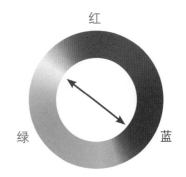

图25　对比色示意图

确保画面有主色调

无论是照片还是视频中的某一个静帧画面，都应该具有一种明显的色彩倾向，这种色彩即称为主色调，例如，画面可以整体偏蓝或偏红、偏暖或偏冷，如图26所示。

如同小说或电影中有主角、配角一样，如果一个画面中没有一个统一的有倾向性的主色调，则画面就会显得杂乱无章，让观众的眼睛无所适从。

要让照片拥有主色调，可以按照下面的方法进行操作。

图26

■ 选择画面大部分具有同一色调的景物，如绿草地、蓝色的墙、黑色的衣服等。总之，只让一种颜色占据画面的绝大部分。

■ 在某种有颜色的光线下进行拍摄，如在黄色、红色的灯光下拍摄，这样的光线具有染色的作用，能够使画面具有统一的光线色。

■ 利用拍摄软件或后期处理软件中的滤镜，使画面具有某一种颜色。

第3章

使用手机与相机录制视频的基本概念及操作方法

使用手机录制视频的基础设置

安卓手机视频录制参数的设置方法

在安卓手机和苹果手机中，均可对视频录制的分辨率和帧数进行设置。在安卓手机中，还可以对视频的画面比例进行调整。使用安卓手机录制视频的参数如下表所示，设置方法见如下图所示。

分辨率	4K	1080P		720P	
比例	16：9	21：9	16：9	21：9	16：9
帧数（帧）	30	30	60	30	60

❶ 点击界面左上角的◙图标进入设置界面

❷ 选择"分辨率"选项，设置视频分辨率和清晰度

❸ 根据拍摄需求，选择视频的分辨率、清晰度及帧率

当前主流短视频平台的视频比例，横屏通常要求为16：9，竖屏要求为9：16，但这并不是说类似于1：1、21：9的画面比例就完全没有意义。

例如，如果拍摄的是横屏视频，但此时画面在屏幕中所占比例较小。

在这种情况下，不妨将视频中的画面直接拍摄或通过后期处理剪裁成为1：1的比例，这时画面在竖屏观看时就显得大一些。

分辨率与帧频的含义

在设置上面所讲解的参数时，涉及两个新的概念，即"视频分辨率"与"帧频"。这两个概念对于视频效果有非常大的影响，因此下面分别解释其含义。

视频分辨率

视频分辨率是指每一个画面中所能显示的像素数量，通常以水平像素数量与垂直像素数量的乘积或垂直像素数量表示。

以1080p HD为例，1080就是视频画面上垂直方向上像素的数量，p代表逐行扫描各像素，而HD则代表"高分辨率"。

4K分辨率是指视频画面在水平方向每行像素值达到或接近4096个，例如4096×3112、3656×2664，以及UHDTV标准的3840×2160，都属于4K分辨率的范畴。虽然有些手机宣称其屏幕分辨率达到了4K，但短视频平台考虑到流量与存储的经济性，即便创作者上传的是4K分辨率的视频，也会被压缩成为1280×720的分辨率，因此如果没有特别的用途，不建议用4K分辨率录制视频。

720P是一种在逐行扫描下达到1280×720分辨率的显示格式，也是主流短视频平台提供的视频播放标准分辨率。

帧频

帧频的英文缩写是fps，是指一个视频里每秒展示出来的画面数。例如，一般电影是以每秒24张画面的速度播放的，也就是一秒钟内在屏幕上连续显示出24张静止画面，由于视觉暂留效应，使观众看上去电影中的人像是动态的。

通常每秒显示的画面数多，视觉动态效果流畅；反之，如果画面数越少，观看时就有卡顿感觉。如果需要在视频中呈现慢动作效果，帧频要高，否则使用30fps即可。

苹果手机分辨率与帧数的设置方法

在苹果手机中也可对视频的分辨率、帧数进行设置。在录制运动类视频时，建议选择较高的帧率，可以让运动的物体在画面中的动作更流畅。而在录制访谈等相对静止的画面时，选择30fps即可，既省电又省空间。

❶ 进入"设置"界面，选择"相机"选项

❷ 选择"录制视频"选项，进入分辨率和帧数设置界面

❸ 选择分辨率和帧数

苹果手机视频格式设置的注意事项

有些读者使用苹果手机拍摄照片和视频，复制到 Windows 系统的计算机中后，无法正常打开。出现这种情况的原因是在"格式"设置中选择了"高效"选项。

在这种模式下，拍摄的照片和视频格式分别为 HEIF 和 HEVC，而如果想在 Windows 系统环境中打开这两种格式的文件，则需要使用专门的软件。

因此，如果拍摄的照片和视频需要在 Windows 系统的计算机中打开，并且不需要文件格式为 HEIF 和 HEVC（录制 4K 60fps 和 4K 240fps 视频需要设置为 HEVC 格式），那么建议将"格式"设置为"兼容性最佳"，这样可以更方便地播放或分享文件。

❶ 进入"设置"界面，选择"相机"选项

❷ 选择"格式"选项

❸ 如果需要在 Windows 系统中打开拍摄的照片或视频，则建议选择"兼容性最佳"选项

用手机录制视频的基本操作方法

打开手机的照相功能，然后滑动下方的选项条，选择"录像"模式，点击下方的圆形按钮即可开始录制，再次点击该按钮即可停止录制。

录制时要注意长按画面，以锁定对焦与曝光，使画面的虚化与明暗不再变化。

❶ 在视频录制模式下，点击界面右侧的快门按钮即可开始录制

❷ 在录制过程中点击右下角的快门按钮，可在视频录制过程中拍摄静态的照片；点击右侧中间的圆形按钮可结束视频录制

苹果手机还有一个比较人性化的功能，即在录制过程中点击右下角的快门按钮可随时拍摄静态照片，从而留住每一个精彩瞬间。另外，在拍摄照片时按住快门按钮不放，可快速切换为视频录制模式。

在录制视频时，可以点击画面中前景或背景处的景物，实现在拍摄过程中切换焦点的效果。

拍摄照片时，可以通过长按快门按钮的方式进行视频录制，松开快门按钮即结束录制

录制视频时，要长按画面中的主体对象，使其四周出现黄色的方框，以锁定自动曝光与对焦

使用专业模式录制视频

进入专业模式

创作者如果使用的是安卓手机，而且对于曝光要素有比较深入的了解，建议拍摄视频的时候选择专业模式。

在这种模式下，创作者可以自由地设置快门速度、ISO及白平衡模式等视频拍摄参数。

在安卓手机中，只需选择"专业"功能，设置所有参数，在录制视频时点击右下角的视频录制按钮即可，如右上图所示。

由于视频拍摄参数可以自由定义，因此可以解决许多使用默认拍摄模式无法解决的问题。

设置快门速度为 1/50 秒

解决画面闪烁问题

例如，许多创作者在有灯光的场景下使用手机拍摄视频，发现视频画面在不断闪烁，这是因为手机的快门速度与电源的频率无法匹配。

解决方法就是将拍摄模式切换为专业模式，然后将快门速度设置成为 1/50 秒或 1/100 秒，这样就能够确保拍摄出来的画面不再出现灯光的闪烁问题。

同样，如果希望在拍摄的时候，画面呈暖色或冷色调，可通过设置白平衡达到目的，如右下图所示。

如果还没有学习过与曝光相关的理论，但又希望在视频创作领域可以长期发展，建议尽早学习。因为无论是使用手机还是使用相机拍摄照片或视频，这些理论都是通用的。

根据平台选择视频画幅的方向

不同的短视频平台，其视频展示方式是有区别的。比如，优酷、头条和B站等平台是通过横画幅来展示视频的，因此，以竖幅的形式拍摄的视频在这些平台上展示时，两侧就会出现大面积的黑边。

而抖音、火山和快手这些短视频平台，是以竖画幅的方式展示视频的，此时以竖画幅录制的视频就可以充满整个屏幕，观看效果会更好。

另外，要参加火山及抖音的"中视频伙伴计划"，需要将视频拍摄成为横屏画面。

在录制视频前，要先确定要将视频发布在哪些平台，再确定是以竖画幅录制还是以横画幅录制。

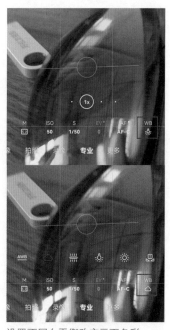

设置不同白平衡改变画面色彩

用手机拍出前实后虚的电影效果视频

前景或背景虚化效果，一度是手机摄影与专业微单相机或单反相机摄影的分界线，但随着手机的算法升级，这一分界线变得越来越模糊，使用下面 4 个技巧，用手机也能拍出有虚化效果的视频。

以更近的距离进行拍摄

在其他条件不变的情况下，手机与被摄对象之间的距离越近，越容易得到有唯美虚化模糊效果的背景。下方的一组照片是在所有拍摄参数都不变的情况下，只改变手机与被摄对象之间的距离拍摄得到的。

通过这组照片可以看出，手机距离前景小猪的距离越远，其后方摆件的模糊效果就越差；反之，镜头越靠近前景小猪，拍出的画面中背景摆件虚化效果就越好。

手机距离小猪 10cm　　　　手机距离小猪 20cm　　　　手机距离小猪 40cm

让被拍摄对象远离背景

在其他条件不变的情况下，通过下方的例图可以看出，画面后方的摆件与拍摄对象小猪的距离越远，越容易得到浅景深的虚化效果；反之，如果画面后方的摆件与小猪位于同一个焦平面上，或者非常靠近，则不容易得到虚化效果。由此可知，背景与主体的距离越远，虚化效果越好；背景与主体的距离越近，虚化效果越差。

小猪距离背景摆件 3cm　　　　小猪距离背景摆件 15cm　　　　小猪距离背景摆件 35cm

使用长焦进行拍摄

在不考虑画质的情况下，以 5 倍长焦拍摄的画面的虚化效果，比以 2 倍长焦拍摄的画面的虚化更明显，但由于使用长焦会明暗降低画质，因此建议最高使用 2 倍长焦进行拍摄。

使用专业的 App 拍摄

使用类似于轻颜相机等 App 拍摄，得到画面具有模拟背景虚化的效果，但目前效果不太理想，可以持续关注。

5 个能调专业参数的视频录制 App

　　对于多数普通视频拍摄任务，虽然使用手机内置的视频录制功能简单、方便，但是可以控制的参数比较少。

　　所以，许多专业视频创作者通常会购买可以调整更多参数的专业视频录制 App。

　　这里推荐 Pro Movie、Filmic Pro、Quik、4K 超清摄影机、Protake、MAVIS 等 App，右上图所示为 4K 超清摄影机录制视频的界面，右下图所示为使用 Protake 录制视频的界面，其中示波器、对焦峰值等功能，甚至可媲美专业相机。

专业录视频 App 界面

5 个有丰富特效的视频录制 App

　　如果拍摄的是搞笑特效类视频，建议用下面推荐的视频录制 App。

　　例如，剪映、快手、ZAO、逗拍、甜拍等，这些 App 有的能一键更换背景、有的能 AI 换脸无缝融入影视视频、有的可以添加各种装饰或特效。例如，右侧两张图为笔者使用剪映拍视频时叠加的特效。

　　此类视频肯定不能是账号的主要内容，但偶尔用于活跃气氛还是可以的。

使用剪映特效的界面

使用手机录制视频进阶配件及技巧

由于视频呈现的是连续的动态影像，因此与拍摄静态图片不同，需要在整个录制过程中保证持续稳定的画面和正常的亮度，并且还要考虑声音的问题。所以，要想用手机拍摄出优质的视频，需要更多的配件和技巧才能实现。

保持画面稳定的配件及技巧

三脚架

以固定机位录制视频时，通过三脚架固定手机或相机即可确保画面的稳定。

由于手机重量较轻，所以市场上有一种"八爪鱼"三脚架，可以在更多的环境下用来固定手机，非常适合在户外以固定机位录制视频。

常规的手机三脚架则适合在室内录制视频，一旦选定机位，即可确保在重复录制时，取景不会发生变化。

八爪鱼手机三脚架

稳定器

在移动机位进行视频录制时，手机的抖动会严重影响视频的质量。而利用稳定器则可以大幅减轻这种抖动，让视频画面始终保持稳定。

根据所要拍摄的效果不同，可以设定不同的稳定模式。比如，想跟随某人进行拍摄，就可以使用"跟随模式"，从而稳定、匀速地跟随人物进行拍摄。如果想要拍摄"环视一周"的效果，也可使用该模式。

另外，个别稳定器还配有手动调焦等功能，可以轻松用手机实现"希区柯克式变焦"效果。

常规手机三脚架

移动身体而不是移动手机

在手持手机录制视频时，如果需要移动手机进行录制，那么画面很容易出现抖动。建议各位将手肘放在身体两侧夹住，然后移动整个身体来使手机跟随景物移动，这样拍摄出来的画面会比较稳定。

稳定器

替代滑轨的水平移动手机的技巧

如果希望绝对平稳地水平移动手机进行视频录制，最佳方案是使用滑轨。然而滑轨是非常专业的视频拍摄配件，使用起来也比较麻烦，所以大多数短视频爱好者都不会购买。

但可以通过先将手机固定在三脚架上，然后在三脚架下垫一块布（垫张纸也可以，但纸与桌面的摩擦会出现噪声）。接下来缓慢、匀速地拖动这块布就可以实现类似滑轨的移镜效果。

缓慢拖动三脚架下面的布，以便较为稳定地移动手机

移动时保持稳定的技巧

始终维持稳定的拍摄姿势

为保持稳定，在移动拍摄时需要保持正确的拍摄姿势。双手要拿稳手机（或拿稳稳定器），从而形成三角形支撑，增强稳定性。

憋住一口气

此方法适合在短时间内移动机位录制视频时使用，因为普通人在移动状态下憋一口气也就维持十几秒的时间。如果在这段时间内可以完成一个镜头的拍摄，那么此法可行；如果时间不够，切记不要采用此种方法。因为在长时间憋气后，势必会急喘几下，这几下急喘往往会让画面出现明显抖动。

保持呼吸均匀

如果憋一口气的时间无法完成拍摄，那么就需要在移动录制过程中保持呼吸均匀。

屈膝移动减少反作用力

在移动过程中，之所以很容易造成画面抖动，其中一个很重要的原因就在于迈步时地面给的反作用力会让身体震动。但当屈膝移动时，弯曲的膝盖会形成一个缓冲，就好像自行车的减震一样，从而避免产生明显的抖动。

提前确定地面的情况

在移动录制视频时，创作者的眼睛一直盯着手机屏幕，无暇顾及地面的情况。为了确保拍摄过程中的安全性和稳定性（被绊倒就绝对拍废了一个镜头），一定要事先观察好路面的情况。

保持画面亮度正常的配件及技巧

利用简单的人工光源进行补光

在室录制视频时，即便肉眼观察到的环境亮度已经足够明亮，但由于手机的宽容度要比人眼差很多，所以往往通过曝光补偿调节至正常亮度后，画面会出现很多噪点。

如果想获得更好的画质，最好购买补光灯对人物或其他主体进行补光。如果拍摄时手机距离被摄人物脸部较近，可以使用环形 LED 补光灯，如果距离较远，可以使用大功能柔光灯球。

如果需要在移动拍摄中补光，可以使用固定在手机自拍杆上的小补光灯。

一定要注意，导致视频画质较差的首要因素，通常不是手机，而是暗淡的灯光，因此要拍摄出高质量的视频，在灯光上必须舍得投入。

环形 LED 补光灯

通过反光板进行补光

使用反光板是一种比较常见的低成本补光法，由于是反射光，所以光质更加柔和，不会产生明显的阴影。但为了能获得较好的效果，需要布置在与主体较近的位置。这就对视频拍摄时的取景有了较高的要求，通常用于固定机位的拍摄（如果是移动机位拍摄，则很容易将附近的反光板也录制进画面中）。

除了使用专业的反光板，还可以在拍摄的时候靠近白墙或白色窗帘，以获得柔和的反光效果，甚至可以将一张大白纸悬挂在面部的周围，进行补光。

柔光球灯

小补光灯

使用外接麦克风提高音质

在室外录制视频时，如果环境比较嘈杂或在刮风的天气下录制，视频中会出现噪声。为了避免出现这种情况，建议使用可连接手机的麦克风进行视频的录制。

安卓手机大多采用 Type-C 接口，苹果手机则使用 Lightning 接口，可以连接手机的麦克风大多仅匹配 3.5mm 耳机接口，所以还需要准备一个转换接头。

此外，也可以使用时下流行的无线领夹麦克风，以获得更自由的拍摄收音方式，此类产品通常具有同时匹配苹果和安卓两类手机的接头。

反光板

手机用无线麦克风

用手机录制视频的 11 大注意事项

噪声问题

　　由于拍摄者离话筒比较近，如果边拍摄边说话，会干扰主体的收音效果，如果有重要信息需要告诉被摄者，可以采取打手势的方式。

对焦问题

　　在拍摄的过程中尽量不要随意改变对焦，因为重新选择对焦点时，画面会有一个由模糊到清晰的缓慢过程，有些手机处理较好，有些手机的变焦会明显破坏画面的流畅感。

光线问题

　　在光线较弱的环境中拍摄时，视频画面的噪点会比较多，这是影响视频画面的主要因素。

帧频问题

　　主流短视频平台提供的均是 30fps 的播放帧频，因此录制的 60fps 视频会被再次压缩，从而影响视频画质。

镜头问题

　　大部分手机使用后置镜头拍摄的画质优于前置镜头，因此一定要优先使用后置镜头。

变焦问题

　　虽然有些手机宣称镜头变焦能够达到 50甚至 100 倍，但实际上这种大变焦是通过缩放画面来实现的，这会明显导致画面质量降低，所以录制视频时不要使超过两倍的变焦。

清洁问题

　　录制视频前要注意清洁镜头，镜头上的灰尘与指纹都会对视频画面产生影响。

稳定问题

　　拍摄视频时使用三脚架或稳定器，能够大幅度提升视频的观感。

容量问题

　　为了能够让视频录制顺利进行，在录制之前务必检查一下手机的可用容量。

干扰问题

　　在视频录制过程中，如果有电话打入手机会暂停录制。虽然在挂断电话后，录制会自动继续进行，但即便是短暂的中断，也很有可能导致整段视频需要重新录制。

电量问题

　　录制视频前要保证电量充足，尤其在录制延时视频、教学课程视频等可能需要连续拍摄几个小时的题材时，在拍摄过程中要将手机连上充电宝。

使用相机录制视频的 4 大优势

更好的画质

所有影响成像的元素之一就是感光元件，感光元件越大，理论上画面质量越高，这也是为什么在摄影行业流传着"底大一级压死人"的说法。

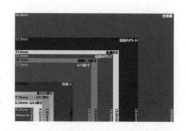

右图所示为不同画幅比例的相机与手机感光元件的尺寸对比，最小的红色方块是手机的感光元件面积，最大的灰色方块是全画幅相机的感光元件面积。

由右图可以看出手机与全画幅相机的区别相当大，这也是为什么即便当前最高档手机的成像也无法与普通相机匹敌的原因。

更强的光线适应性

无论是单反相机还是微单相机，它们的感光动态范围都比手机更广，动态范围简单的理解就是感光元件能够记录的最大亮部信息和暗部信息，更广的动态范围能够记录下更多的画面细节，在后期对视频做调色处理效果也更好。

尤其是索尼与佳能等相机提供的 Log 模式，即便在逆光情况下拍摄也能够获得非常好的明暗细节，而大部分手机在逆光拍摄时，天空处将明显过曝，如右图所示，因此这是目前手机无法超越的。

更丰富的景别

目前，虽然大部分手机有从超广角到超长焦的拍摄功能，但在不同焦距的镜头间切换时大部分手机仍然存在颜色变化、画质明显下降的问题。

单反相机和微单相机则可以利用高质量镜头，拍摄出不同画面景别、景深及透视关系的高质量视频画面。

更漂亮的背景虚化效果

不同的镜头光圈会给画面带来不同的景深效果，也就是背景虚化效果，拍摄时使用的光圈越大，镜头焦距越长，背景虚化效果越明显。这种背景虚化效果远不是手机可以比拟的，如右图所示。这也是许多追求画面质感的口播型、剧情型抖音账号使用相机拍摄视频的主要原因。

除上述优势外，更好的防抖效果、更专业的收音性能也是众多短视频大号不再使用手机，而是使用专业相机拍摄的原因。

设置相机录制视频时的拍摄模式

与拍摄照片一样，拍摄视频时也可以采用多种不同的曝光模式，如自动曝光模式、光圈优先曝光模式、快门优先曝光模式和全手动曝光模式等。

如果对曝光要素不太理解，可以直接设置为自动曝光或程序自动曝光模式。

如果希望精确控制画面的亮度，可以将拍摄模式设置为全手动曝光模式。但在这种拍摄模式下，需要摄影师手动控制光圈、快门和感光度三个要素。下面分别讲解这三个要素的设置思路。

光圈：如果希望拍摄的视频具有电影效果，可以将光圈设置得稍微大一点，如 F2.8、F2 等，从而虚化背景获得浅景深效果；反之，如果希望拍摄出来的视频画面远近都比较清晰，就需要将光圈设置得稍微小一点，如 F12、F16 等。

感光度：在设置感光度的时候，主要考虑的是整个场景的光照条件。如果光照不是很充分，可以将感光度设置得稍微大一点，但此时会使画面中的噪点增加；反之，则可以降低感光度，以获得较为优质的画面。

快门速度对视频的影响比较大，在下面做详细讲解。

理解相机快门速度与视频录制的关系

在曝光三要素中，无论是拍摄照片还是拍摄视频，光圈、感光度的作用都是一样的，只有快门速度对视频录制有着特殊的意义，因此值得详细讲解。

根据帧频确定快门速度

从视频效果来看，大量摄影师总结出来的经验是将快门速度设置为帧频 2 倍的倒数。此时录制出来的视频中运动物体的表现是最符合肉眼观察效果的。

比如视频的帧频为 25P，那么应将快门速度设置为 1/50 秒（25 乘以 2 等于 50，再取倒数，为 1/50）。同理，如果帧频为 50P，则应将快门速度设置为 1/100 秒。

但这并不是说在录制视频时，快门速度只能锁定保持不变。在一些特殊情况下，需要利用快门速度调节画面亮度，在一定范围内进行调整是没有问题的。

快门速度对视频效果的影响

降低快门速度提升画面亮度

在昏暗的环境下录制视频时，如右图所示，可以适当降低快门速度，以保证画面亮度。

但需要注意的是，当降低快门速度时，快门速度也不能低于帧频的倒数。有些相机，例如佳能也无法设置比 1/25 秒还低的快门速度，因为佳能相机在录制视频时会自动锁定帧频倒数为最低快门速度。

提高快门速度改善画面流畅度

提高快门速度，可以使画面更流畅。但需要指出的是当快门速度过高时，由于每一个动作都会被清晰定格，会导致画面看起来很不自然，甚至会出现失真的情况。

造成这种结果的原因是人的眼睛有视觉时滞。也就是说，当人们看到高速运动的景物时，会出现动态模糊的效果。而当使用过高的快门速度录制视频时，运动模糊消失了，取而代之的是清晰的影像。比如，在录制一些高速奔跑的景象时，由于双腿每次摆动的画面都是清晰的，就会看到很多只腿的画面，也就导致出现了画面失真、不正常的情况。

因此，建议在录制视频时，快门速度最好不要高于最佳快门速度的 2 倍。

另外，当提高快门速度时，也需要更大功率的照明灯具，以避免视频画面变暗。

电影画面中的人物进行速度较快的移动时，画面中出现动态模糊效果是正常的

拍摄视频时推荐的快门速度

上面对快门速度对视频的影响进行了理论性讲解，这些理论可以总结成下面展示的一个比较简单的表格。

帧频	快门速度		
	普通短片拍摄	HDR 短片拍摄	
		P、Av、B、M 模式	Tv 模式
119.9P	1/4000~1/125		
100.0P	1/4000~1/100		
59.94P	1/4000~1/60	-	
50.00P	1/4000~1/50		
29.97P	1/4000~1/30	1/1000~1/60	1/4000~1/60
25.00P		1/1000~1/50	1/4000~1/50
24.00P	1/4000~1/25	-	
23.98P			

理解用相机拍视频时涉及的重要基础术语含义

理解视频分辨率

使用相机录制视频时涉及的视频分辨率，与前面所讲述过的使用手机录制视频时涉及的视频分辨率并没有本质不同，只是当前主流相机录制视频的分辨率都比较高。以佳能 R5 相机为例，其一大亮点就是支持 8K 视频录制。在 8K 视频录制模式下，用户可以录制最高帧频为 30P、文件无压缩的超高清视频，而且在后期编辑时可以通过裁剪的方法制作跟镜头及局部特写镜头效果，这是手机无法比拟的。

理解帧频

帧频（fps）是指视频中每秒展示出来的画面数。

使用相机录制视频时，可以轻松获得高帧频高质量视频画面。例如，以佳能 R5 为例，在 4K 分辨率的情况下，依然支持 120fps 视频拍摄，可以通过后期轻松获得慢动作视频效果。

例如，李安在拍摄电影《双子杀手》时使用的就是 4K 分辨率、120fps，超高帧频不仅使电影画面看上去无限接近真实，中间的卡顿和抖动也近乎消失。

右图所示为以佳能相机为例，设置高帧频视频的录制操作方法。

❶在**短片记录画质**菜单中选择**高帧频**选项

❷点击选择**启用**选项，然后点击 ᴿᵉᵗ OK 图标确定

理解视频制式

不同国家、地区的电视台所播放视频的帧频是有统一规定的，称为电视制式。全球分为两种电视制式，分别为北美、日本、韩国、墨西哥等国家使用的 NTSC 制式和中国、欧洲各国、俄罗斯、澳大利亚等国家使用的 PAL 制式。

选择不同的视频制式后，可选择的帧频会有所变化。比如在佳能 5D Mark Ⅳ 中，选择 NTSC 制式后，可选择的帧频为 119.9P、59.94P 和 29.97P；选择 PAL 制式后，可选择的帧频为 100P、50P、25P。

需要注意的是，只有在所拍视频需要在电视台播放时，才会对视频制式有严格要求。如果只是自己拍摄并上传至视频平台，选择任意视频制式均可正常播放。

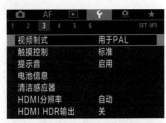

❶在**设置菜单3**中选择**视频制式**选项

❷点击选择所需的选项

理解码率

码率也被称为比特率，指每秒传送的比特（bit）数，单位为 bps（Bit Per Second）。码率越高，每秒传送的数据就越多，画质就越清晰，但相应地，对存储卡的写入速度要求也更高。

有些相机可以在菜单中直接选择不同码率的视频格式，有些则需要通过选择不同的压缩方式实现。

例如，使用佳能相机时可以选择MJPG、ALL-I、IPB和IPB⯯等不同的压缩方式。

选择MJPG压缩模式可以得到最高码率，不过根据不同的机型，其码率也有差异。比如使用佳能EOS R时，在选择MJPG压缩模式后可以得到码率为480Mbps的视频，而佳能5D4则为500Mbps。

值得一提的是，如果要录制码率超过400Mbps的视频，需要使用UHS-II存储卡，也就是写入速度最少应该达到100Mbps，否则无法正常拍摄。而且由于码率过高，视频尺寸也会变大。以佳能EOS R为例，录制一段码率为480Mbps、时长为8分钟的视频则需要占用32GB的存储空间。

在**短片记录尺寸**菜单中可以选择不同的压缩方式，以控制码率

低码率的视频画面显得模糊粗糙

高码率的视频画面更清晰

用佳能相机录制视频的简易流程

下面以佳能 5D Mark Ⅳ 相机为例，讲解拍摄视频短片的简单流程。

❶ 设置视频短片格式，并进入实时显示模式。

❷ 切换相机的曝光模式为Tv或M挡或其他模式，开启"短片伺服自动对焦"功能。

❸ 将"实时显示拍摄/短片拍摄"开关转至短片拍摄位置。

❹ 通过自动或手动的方式先对主体进行对焦。

❺ 按下 **START/STOP** 按钮，即可开始录制短片。录制完成后，再次按下 **START/STOP** 按钮。

选择合适的曝光模式

切换至短片拍摄模式

在拍摄前，可以先进行对焦

录制短片时，会在右上角显示一个红色的圆

　　虽然上面的流程看上去很简单，但实际上在这个过程中，涉及若干知识点，如设置视频短片参数、设置视频拍摄模式、开启并正确设置实时显示模式、开启视频拍摄自动对焦模式、设置视频对焦模式、设置视频自动对焦灵敏度、设置录音参数、设置时间码参数等，只有理解并正确设置这些参数，才能够录制出一条合格的视频。

　　希望深入研究的读者，建议选择更专业的图书进行学习。

用佳能相机录制视频时视频格式、画质的设置方法

跟设置照片的尺寸、画质一样，录制视频的时候也需要关注视频文件的相关参数。如果录制的视频只是家用的普通记录短片，可能全高清分辨率就可以。但是，如果作为商业短片，可能需要录制高帧频的 4K 视频，所以在录制视频之前一定要设置好视频的参数。

设置视频格式与画质

在拍摄短片时，通常需要设置视频格式、尺寸、帧频等选项，在下一页的表格中详细展示了佳能相机常见视频格式、尺寸、帧频参数的含义。

下面以佳能 5D Mark Ⅳ相机为例，讲解具体的操作方法，其他佳能相机的菜单位置及选项可能与此略有区别，但操作方法与选项意义相同。

❶ 在**拍摄菜单4**中选择**短片记录画质**选项

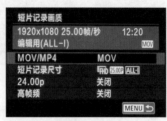

❷ 点击选择**MOV/MP4**选项

❸ 点击选择录制视频的格式选项

❹ 如果在步骤❷中选择了**短片记录尺寸**选项，点击选择所需的短片记录尺寸选项，然后点击 SET OK 图标确定

❺ 如果在步骤❷中选择了**24.00P**选项，点击选择**启用**或**关闭**选项，然后点击 SET OK 图标确定

设置 4K 视频录制

在许多手机都可以录制 4K 视频的今天，4K 基本上许多中高端相机的标配，以佳能 EOS 5D Mark Ⅳ为例，在 4K 视频录制模式下，用户可以录制最高帧频为 30P、无压缩的超高清视频。

不过佳能 EOS 5D Mark Ⅳ的 4K 视频录制模式采集的是图像传感器的中心像素区域，并非全部像素，所以在录制 4K 视频时，拍摄视角会变得狭窄，约等于 1.74 倍的镜头系数。这就提示我们在选购以视频录制功能为主要卖点的相机时，画面是否有裁剪是一个值得比较的参数。例如，佳能 EOS R5 相机就可以录制无裁剪的 4K 视频。

❶ 在**短片记录画质**菜单中选择**短片记录尺寸**选项

❷ 点击选择带 **4K** 图标的选项，然后点击 **SET OK** 图标确定

FHD/HD 画质视频的取景范围

4K 画质视频的取景范围

短片记录画质选项说明表			
MOV/MP4	MOV 格式的视频文件适合在计算机上进行后期编辑；MP4 格式的视频文件经过压缩，变得较小，便于网络传输		
短片记录尺寸	图像大小		
	4K	**FHD**	**HD**
	4K 超高清画质。记录尺寸为 4096×2160，长宽比约为 17∶9	全高清画质。记录尺寸为 1920×1080，长宽比为 16∶9	高清画质。记录尺寸为 1280×720。长宽比为 16∶9
	帧频（帧/秒）		
	119.9P 59.94P 29.97P	100.0P 25.00P 50.00P	23.98P 24.00P
	分别以 119.9 帧/秒、59.94 帧/秒、29.9 帧/秒的帧频率记录短片。适用于电视制式为 NTSC 的地区（北美、日本、韩国、墨西哥等）。119.9P 在启用"高帧频"功能时有效	分别以 110 帧/秒、25 帧/秒、50 帧/秒的帧频率记录短片。适用于电视制式为 PAL 的地区（欧洲、俄罗斯、中国、澳大利亚等）。100.0P 在启用"高帧频"功能时有效	分别以 23.98 帧/秒和 24 帧/秒的帧频率记录短片，适用于电影。24.00P 在启用"24.00P"功能时有效
	压缩方法		
	MJPG	ALL-I	IPB　　　IPB
	当选择"MOV"格式时可选。不使用任何帧间压缩，一次压缩一个帧并进行记录，因此压缩率低。仅适用于 4K 画质的视频	当选择"MOV"格式时可选。一次压缩一个帧进行记录，便于在计算机上编辑	一次高效地压缩多个帧进行记录。由于文件尺寸比使用 ALL-I 时更小，在存储空间相同的情况下，可以录制更长时间的视频　　　当选择"MP4"格式时可选。由于短片以比使用 IPB 时更低的比特率进行记录，因而文件尺寸更小，并且可以与更多回放系统兼容
24.00P	选择"启用"选项，将以 24.00 帧/秒的帧频录制 4K 超高清、全高清、高清画质的视频		
高帧频	选择"启用"选项，可以在高清画质下，以 119.9 帧/秒或 100.0 帧/秒的高帧频录制短片		

用佳能相机录制视频时自动对焦模式的开启方式

佳能最近这几年发布的相机均具有视频自动对焦模式，即当视频中的对象移动时，能够自动对其进行跟焦，以确保被拍摄对象在视频中的影像是清晰的。

但此功能需要通过设置"短片伺服自动对焦"菜单选项来开启。下面以佳能 5D Mark IV 为例，讲解其开启方法。

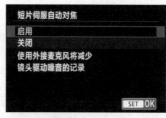

> 提示：该功能在与某些镜头搭配使用时，发出的对焦声音可能被采集到视频中。如果发生这种情况，建议外接指向性麦克风。

❶在**拍摄菜单4**中选择**短片伺服自动对焦**选项

❷点击选择**启用**或**关闭**选项，然后点击 SET OK 图标确定

将"短片伺服自动对焦"菜单设为"启用"，即可使相机在拍摄视频期间，即使不半按快门，也能根据被摄对象的移动状态不断调整对焦，以保证始终对被摄对象进行对焦。

但在使用该功能时，相机的自动对焦系统会持续工作，当不需要跟焦被摄对象，或者将对焦点锁定在某个位置时，即可通过按下赋予了"暂停短片伺服自动对焦"功能的自定义按键来暂停该功能。

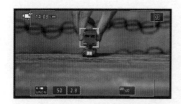

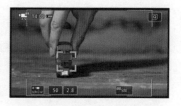

通过上面的图片可以看出，笔者拿着红色玩具小车不规律地运动时，相机是能够准确跟焦的。

如果将"短片伺服自动对焦"菜单设为"关闭"，那么只有通过半按快门、按下相机背面的 AF-ON 按钮，或者在屏幕上单击对象的时候，才能够进行对焦。

例如，在右面的图示中，第 1 次对焦于左上方的安全路障，如果不再次单击其他位置的话，对焦点会一直锁定在左上方的安全路障。若单击右下方的篮球焦点，焦点会重新对焦在篮球上。

用佳能相机录制视频时的对焦模式详解

选择对焦模式

在拍摄视频时，有两种对焦模式可选择，一种是 ONE SHOT 单次自动对焦，另一种是 SERVO 伺服自动对焦。

ONE SHOT 单次自动对焦模式适合拍摄静止的被摄对象，当半按快门按钮时，相机只实现一次对焦，合焦后，自动对焦点将变为绿色。SERVO 伺服自动对焦模式适合拍摄移动的被摄对象，只要保持半按快门按钮，相机就会对被摄对象持续对焦，合焦后，自动对焦点为蓝色。

设置自动对焦模式

使用 SERVO 伺服自动对焦模式时，如果配合使用下方将要讲解的 "􀀀 + 追踪" "自由移动 AF( )" 对焦方式，只要对焦框能跟踪并覆盖被摄对象，相机就能够持续对焦。

三种自动对焦模式详情

除非以固定机位拍摄风光、建筑等静止的对象，否则，拍摄视频时的对焦模式都应该选择 SERVO 伺服自动对焦。此时，可以根据要选择的对象或对焦需求，选择三种不同的自动对焦方式。在实时取景状态下按下􀀀按钮，点击选择左上角的自动对焦方式图标，然后在屏幕下方点击选择所需要的选项。

⬆ 在速控屏幕中选择AF􀀀(􀀀 + 追踪) 模式的状态

⬆ 在速控屏幕中选择AF( ) (自由移动多点) 模式的状态

⬆ 在速控屏幕中选择AF 􀀀 (自由移动 1 点) 模式的状态

大家也可以按下面展示的操作方法切换不同的自动对焦模式，下面详解不同模式的含义。

❶ 在**拍摄菜单5**中选择**自动对焦方式**选项

❷ 点击选择一种对焦模式

> 提示：由于 Canon EOS 5D Mark Ⅳ 的液晶监视器可以实现触屏操作，因此在选择对焦区域时，也可以直接点击液晶监视器屏幕选择对焦位置。

⊌ + 追踪

在此模式下，相机优先对被摄人物的脸部进行对焦。即使在拍摄过程中被摄人物的面部发生了移动，自动对焦点也会移动以追踪面部。当相机检测到人的面部时，会在要对焦的脸上出现 ⊏⊐（自动对焦点）。如果检测到多个面部，将显示 ⟨ ⟩，使用多功能控制钮 ❖ 将 ⟨ ⟩ 框移动到目标面部上即可。如果没有检测到面部，相机会切换到自由移动 1 点模式。

⊌ + 追踪模式的对焦示意

自由移动 AF ( )

在此模式下，相机可以采用两种模式对焦，一种是以最多 63 个自动对焦点对焦，这种对焦模式能够覆盖较大的区域；另一种是将液晶监视器分割成为 9 个区域，摄影师可以使用多功能控制钮 ❖ 选择某一个区域进行对焦，也可以直接在屏幕上通过单击不同的位置来进行对焦。默认情况下，相机自动选择前者。大家可以按下 ❖ 或 SET 按钮，在这两种对焦模式间切换。

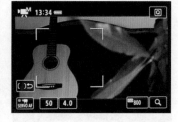

自由移动 AF ( ) 模式的对焦示意

自由移动 AF ☐

在此模式下，液晶监视器上只显示 1 个自动对焦点。在拍摄过程中，使用多功能控制钮 ❖ 将该自动对焦点移至要对焦的位置，当自动对焦点对准被摄对象时半按快门即可。大家也可以直接在屏幕上通过点击不同的位置来进行对焦。如果自动对焦点变为绿色并发出提示音，表明合焦正确；如果没有合焦，对焦点以橙色显示。

自由移动 AF ☐ 模式的对焦示意

用佳能相机录制视频时录音参数设置及监听方式

使用相机内置的麦克风可录制单声道声音，通过将带有立体声微型插头（直径为 3.5mm）的外接麦克风连接至相机，则可以录制立体声，然后配合"录音"菜单中的参数设置，可以实现多样化的录音控制。

录音 / 录音电平

选择"自动"选项，相机将会自动调节录音音量；选择"手动"选项，则可以在"录音电平"界面中将录音音量的电平调节为 64 个等级之一，适用于高级用户；选择"关闭"选项，将不会记录声音。

风声抑制 / 衰减器

将"风声抑制"设置为"启用"，则可以降低户外录音时的风声噪声，包括某些低音调噪声（此功能只对内置麦克风有效）；在无风的场所录制时，建议选择"关闭"选项，以便能录制到更加自然的声音。

在拍摄前即使将"录音"设定为"自动"或"手动"，如果有非常大的声音，仍然可能导致声音失真。在这种情况下，建议将"衰减器"设为"启用"。

监听视频声音

在录制需要现场声音的视频时，监听视频声音非常重要，而且这种监听需要持续整个录制过程。

因为在使用收音设备时，有可能因为没有更换电池，或者其他未知因素，导致现场声音没有被录入视频。

有时现场可能有很低的噪声，这种声音是否会被录入视频，一个确认方法就是在录制时监听，另外也可以通过回放来核实。

通过将配备有直径 3.5mm 微型插头的耳机，连接到相机的耳机端子上，即可在拍摄短片期间听到声音。

如果使用的是外接立体声麦克风，可以听到立体声声音。要调整耳机的音量，按 Q 按钮并选择 ⌂，然后转动 ⊙ 调节音量。

注意：如果要对视频进行专业的后期处理，那么现场即使有均衡的低噪声也不必过于担心，因为利用后期处理软件可以将这样的噪声轻松去除。

❶ 在**拍摄菜单4**中选择**录音**选项

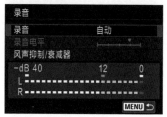

❷ 点击可选择不同的选项，即可进入修改参数界面

耳机端子

用索尼相机录制视频时的简易流程

下面以SONY α7R Ⅳ相机为例，讲解拍摄视频短片的简单流程。

❶ 设置视频文件格式及"记录设置"。

❷ 切换相机的照相模式为S或M挡或其他模式。

❸ 通过自动或手动的方式先对主体进行对焦。

❹ 按下红色MOVIE按钮开始录制短片，录制完成后，再次按下红色的MOVIE按钮。

选择合适的曝光模式

按下红色的 MOVIE 按钮即可开始
录制

在拍摄前，可以先进行对焦

在视频拍摄模式下，相机屏幕会显示若干参数，了解这些参数的含义，有助于摄影师快速调整相关参数，以提高录制视频的效率、成功率及品质。

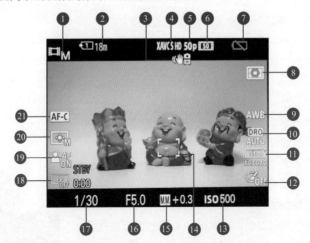

❶ 照相模式	❻ 动态影像的记录设置	⑫ 照片效果	⑱ 图片配置文件
❷ 动态影像的可拍摄时间	❼ 剩余电池电量	⑬ ISO感光度	⑲ AF模式人脸/眼
❸ SteadyShot（机身防抖）	❽ 测光模式	⑭ 对焦框	睛优先
关/开	❾ 白平衡模式	⑮ 曝光补偿	⑳ 对焦区域模式
❹ 动态影像的文件格式	⑩ 动态范围优化	⑯ 光圈值	㉑ 对焦模式
❺ 动态影像的帧速率	⑪ 创意风格	⑰ 快门速度	

虽然上面的流程看上去很简单，但实际上在这个过程中涉及若干知识点希望深入研究的读者，建议选择更专业的摄影摄像类图书进行学习。

用索尼相机录制视频时视频格式、画质的设置方法

设置文件格式（视频）

在"文件格式"菜单中可以选择以下3个选项。

- XAVC S 4K：以4K分辨率记录XAVC S标准的25P视频。
- XAVC S HD：记录XAVC S标准视频。
- AVCHD：以AVCHD格式录制50 i视频。

❶ 在**拍摄设置2菜单**的第1页中选择**文件格式**选项

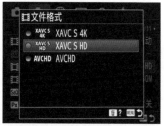

❷ 按▼或▲方向键选择所需文件格式

设置"记录设置"

在"记录设置"菜单中可以选择录制视频的帧速率和影像质量，以SONY α 7R Ⅳ微单相机为例，视频记录尺寸如下表所示。

❶ 在**拍摄设置2菜单**的第1页中选择**记录设置**选项

❷ 按▼或▲方向键选择所需选项

文件格式：XAVC S 4K	平均比特率	记录
25P 100M	100Mbps	录制3840×2160（25P）尺寸的最高画质视频
25P 60M	60Mbps	录制3840×2160（25P）尺寸的高画质视频
文件格式：XAVC S HD	**平均比特率**	**记录**
50P 50M	50Mbps	录制1920×1080（50P）尺寸的高画质视频
50P 25M	25Mbps	录制1920×1080（50P）尺寸的高画质视频
25P 50M	50Mbps	录制1920×1080（25P）尺寸的高画质视频
25P 16M	16Mbps	录制1920×1080（25P）尺寸的高画质视频
100P 100M	100Mbps	录制1920×1080（100P）尺寸的视频，使用兼容的编辑设备，可以制作更加流畅的慢动作视频
100P 60M	60Mbps	录制1920×1080（100P）尺寸的视频，使用兼容的编辑设备，可以制作更加流畅的慢动作视频
文件格式：AVCHD	**平均比特率**	**记录**
50i 24M（FX）	24Mbps	录制1920×1080（50i）尺寸的高画质视频
50i 17M（FH）	17Mbps	录制1920×1080（50i）尺寸的标准画质视频

用索尼相机录制视频时设置视频对焦模式的方式

在拍摄视频时，有两种对焦模式可选择，一种是连续自动对焦，另一种是手动对焦。

在连续自动对焦模式下，只要保持半按快门按钮，相机就会对被摄对象持续对焦，合焦后，屏幕将点亮⊙图标。

当利用自动对焦功能无法对想要的被摄对象合焦时，建议改用手动对焦模式。

在拍摄视频时，可以根据要选择的对象或对焦需求，选择不同的自动对焦区域，索尼相机在视频录制模式下可以选择5种自动对焦模式。

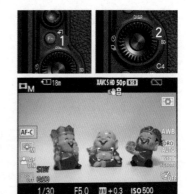

在拍摄待机状态，按 Fn 按钮，然后按▲▼◀▶方向键选择对焦模式，转动前／后转盘选择所需对焦模式

- 广域自动对焦区域▣：选择此对焦模式后，在执行对焦操作时，相机将通过智能判断系统，决定当前拍摄的场景中哪个区域应该最清晰，从而利用相机可用的对焦点针对这一区域进行对焦。

- 区自动对焦区域▭：使用此对焦模式时，先在液晶显示屏上选择想要对焦的区域，对焦区域内包含数个对焦点。在拍摄时，相机自动在所选对焦区域范围内选择合焦的对焦框。此模式适合拍摄动作幅度不大的题材。

- 中间自动对焦区域▣：使用此对焦模式时，相机始终使用位于屏幕中央区域的自动对焦点进行对焦。此模式适合拍摄主体位于画面中央的题材。

在拍摄待机状态，按 Fn 按钮，然后按▲▼◀▶方向键选择对焦区域，按控制拨轮中央按钮进入详细设置界面，然后按▲或▼方向键选择对焦模式。当选择了自由点模式时，按◀或▶方向键选择所需选项

- 自由点自动对焦区域▣：选择此对焦模式时，相机只使用一个对焦点进行对焦操作，而且摄影师可以自由确定此对焦点所处的位置。拍摄时使用多功能选择器的上、下、左、右键，可以将对焦框移动至被摄主体需要对焦的区域。此对焦模式适合拍摄需要精确对焦，或者对焦主体不在画面中央位置的题材。

- 扩展自由点自动对焦区域▣：选择此对焦模式时，摄影师可以使用多功能选择器的上、下、左、右键选择一个对焦点。与自由点模式不同的是，摄影师所选的对焦点周围还分布一圈辅助对焦点，若拍摄对象暂时偏离所选对焦点，则相机会自动使用周围的对焦点进行对焦。此对焦模式适合拍摄可预测运动趋势的对象。

用索尼相机录制人像视频时的对焦设置方法

当录制以人为主要对象的视频时，建议按下面的操作进行参数设置，以确保当主角或摄影师移动时，相机能够始终将焦点锁定在人物面部。

下面的讲解以SONY α7 Ⅳ相机为例，虽然不同的相机菜单位置会有区别，但操作思路是基本相同的，因此如果各位读者使用的不是SONY α7 Ⅳ相机，可以按相同的原理进行操作。

❶ 选择"对焦—人脸/眼部AF—AF人脸/眼睛优先"菜单，开启人脸面部识别。

❷ 选择"设置—触摸操作—拍摄期间的触摸功能"菜单，开启"触碰跟踪"功能。

❸ 将对焦模式设置为AF-C连续自动对焦。

❹ 根据拍摄对象移动的范围，选择自动对焦区域模式。如果拍摄的是口播类视频，而且人物居中，可以选择"中间自动对焦区域[ ]"模式。

❺ 拍摄时，通过触碰屏幕，使被拍摄主体的面部出现焦点跟踪框，如下方左图所示。当移动相机时，相机将持续跟踪，如下方右图所示。

❶ 在**对焦菜单**的第3页中选择**人脸/眼部AF**选项，然后选择**AF人脸/眼部优先**选项

❷ 在**设置菜单**的第5页中选择**触摸操作**选项，然后选择**拍摄期间的触摸功能**选项

用索尼相机录制视频时设置录音参数并监听现场声音

设置录音

以SONY α 7RⅣ微单相机例，在录制视频时，可以通过"录音"菜单设置是否录制现场的声音。

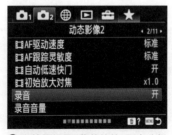

❶ 在**拍摄设置2菜单**的第2页中选择**录音**选项

❷ 按▼或▲方向键选择**开**或**关**选项，然后按控制拨轮中央按钮

设置录音音量

当开启录音功能时，可以通过"麦克风"菜单设置录音的等级。

当录制现场声音较大的视频时，设置较低的录音电平可以记录具有临场感的音频。

当录制现场声音较小的视频时，设置较高的录音电平可以记录容易听取的音频。

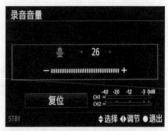

❶ 在**拍摄设置2菜单**的第2页中选择**录音音量**选项

❷ 按◀或▶方向键选择所需等级，然后按控制拨轮中央按钮确定

减少风噪声

选择"开"选项，可以减弱通过内置麦克风进入的室外风声噪声，包括某些低音调噪声；在无风的场所进行录制时，建议选择"关"选项，以便录制到更加自然的声音。

此功能对外置麦克风无效。

❶ 在**拍摄设置2菜单**的第3页中选择**减少风噪声**选项

❷ 按▼或▲方向键选择**开**或**关**选项，然后按控制拨轮中央按钮

第4章

拍好视频必学的运镜方法、镜头语言

认识镜头语言

"镜头语言"既然带了"语言"二字，那就说明这是一种与说话类似的表达方式，而"镜头"二字则表明要用镜头来进行表达，所以"镜头语言"可以理解为用镜头表达的方式，即通过多个镜头画面，包括组合镜头，向观众传达拍摄者希望表现的内容。

所以，在一个视频中，除了声音外，所有为了表达而采用的运镜方式、剪辑方式和一切画面内容，均属于镜头语言。

镜头语言之运镜方式

运镜方式是指在录制视频的过程中，摄像器材的移动或焦距调整方式，主要分为推镜头、拉镜头、摇镜头、移镜头、甩镜头、跟镜头、升镜头与降镜头等 8 种，简称为"推拉摇移甩跟升降"。由于环绕镜头可以产生更具视觉冲击力的画面效果，如今被使用的也越来越多。

需要提前强调的是，在介绍各种镜头运动方式的特点时，为了便于各位理解，会说明此种镜头运动在一般情况下适合表现哪类场景，但这绝不意味着它只能表现这类场景，在其他特定场景下应用也许会更具表现力。

推镜头

推镜头是指镜头从全景或别的景位由远及近向被摄对象推进拍摄，逐渐推成近景或特写镜头，其作用在于强调主体、描写细节、制造悬念等。

下面展示的是一个会议视频的截图，为了突出居中的女主讲，可以看出来镜头逐渐推进。

推镜头示例

拉镜头

拉镜头是指将镜头从全景或别的景位由近及远调整，景别逐渐变大，以表现更多环境，其作用主要在于表现环境，强调全局，从而交代画面中局部与整体之间的联系。

拉镜头示例

摇镜头

摇镜头是指机位固定，通过旋转相机而摇摄全景或跟着被摄对象的移动进行摇摄（跟摇）。

摇镜头的作用主要有 4 点，分别是介绍环境、从一个被摄对象转向另一个被摄对象、表现人物运动，以及代表剧中人物的主观视线。

值得一提的是，当利用摇镜头介绍环境时，通常表现的是宏大的场景。左右摇镜头适合拍摄壮阔的自然美景；上下摇镜头则适用于展示建筑的雄伟或峭壁的险峻。

摇镜头示例

移镜头

在拍摄视频时，机位在一个水平面上移动（在纵深方向移动则为推/拉镜头）的镜头运动方式称为移镜头。

移镜头的作用其实与摇镜头十分相似，但在"介绍环境"与"表现人物运动"这两点上，其视觉效果更为强烈。在一些制作精良的大型影片中，经常可以看到这类镜头所表现的画面。

另外，由于采用移镜头方式拍摄时，机位是移动的，所以画面具有一定的流动感，这会让观赏者感觉仿佛置身于画面中，更有艺术感染力。

移镜头示例

跟镜头

跟镜头又称"跟拍"，是跟随被摄对象进行拍摄的镜头运动方式。跟镜头可连续而详尽地表现角色在行动中的动作和表情，既能突出运动中的主体，又能交代动体的运动方向、速度、体态及其与环境的关系，有利于展示人物在运动中的精神面貌。

跟镜头在走动过程中的采访，以及体育运动类视频中经常使用。拍摄位置通常位于人物前方，形成"边走边说"的视觉效果。而体育运动类视频则通常为侧面拍摄，从而表现运动员的运动姿态。

跟镜头示例

环绕镜头

将移镜头与摇镜头组合起来，就可以实现一种比较炫酷的运镜方式——环绕镜头。通过环绕镜头可以 360° 全方位展现某一主体，经常用于在华丽场景下突出新登场的人物，或者展示景物的精致细节。

环绕镜头最简单的实现方法，就是将相机安装在稳定器上，然后手持稳定器，在尽量保持相机稳定的情况下绕人物跑一圈。

环绕镜头示例

甩镜头

甩镜头是指一个画面拍摄结束后,迅速旋转镜头到另一个方向的镜头运动方式。由于甩镜头时,画面的运动速度非常快,所以该部分画面内容是模糊不清的,但这正好符合人眼的视觉习惯(与快速转头时的视觉感受一致),所以会给观赏者带来较强的临场感。

值得一提的是,甩镜头既可以在同一场景中的两个不同主体间快速转换,模拟人眼的视觉效果;又可以在甩镜头后直接接入另一个场景的画面(通过后期剪辑进行拼接),从而表现同一时间不同空间并列发生的情景,此方法在影视剧制作中经常出现。

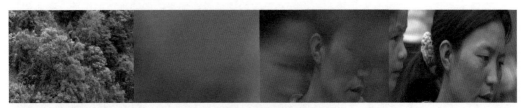

甩镜头过程中的画面是模糊不清的,以此迅速在两个不同场景间进行切换

升镜头与降镜头

上升镜头是指相机的机位慢慢升起,从而表现被摄对象的高大。在影视剧中,也被用来表现悬念;而下降镜头的方向则与之相反。升降镜头的特点在于能够改变镜头和画面的空间,有助于增强戏剧效果。

需要注意的是,不要将升降镜头与摇镜混为一谈。比如,保持机位不动,仅将镜头仰起,此为摇镜头,展现的是拍摄角度的变化,而不是高度的变化。

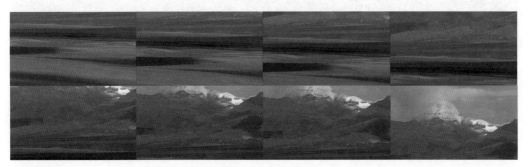

升镜头示例

3个常用的镜头术语

这里之所以对主要的镜头运动方式进行总结，一方面是因为比较常用，又各有特点；另一方面，则是为了交流、沟通所需的画面效果。

因此，除了上述 9 种镜头运动方式，还有一些偶尔也会用到的镜头运动或相关术语，如"空镜头""主观性镜头"等。

空镜头

空镜头是指画面中没有人的镜头，也就是单纯拍摄场景或场景中局部细节的画面，通常用来表现景物与人物的联系或借物抒情。

一组空镜头表现事件发生的环境

主观性镜头

主观性镜头其实就是把镜头当作人物的眼睛，可以给人较强的代入感，非常适合表现人物的内心感受。

主观性镜头可以模拟人眼看到的画面效果

客观性镜头

客观性镜头是指完全以一种旁观者的角度进行拍摄。其实这种说法就是为了与主观性镜头相区分。因为在视频录制过程中，除了主观镜头就是客观镜头，而客观镜头又往往占据视频中的绝大部分，所以几乎没有人会说"拍个客观镜头"这样的话。

客观性镜头示例

镜头语言之转场

镜头转场方式可以归纳为两大类，分别为技巧性转场和非技巧性转场。技巧性转场指的是在拍摄或剪辑时要采用一些技术或特效才能实现；而非技巧性转场则是直接将两个镜头拼接在一起，通过镜头之间的内在联系，让画面切换显得自然、流畅。

技巧性转场

淡入淡出

淡入淡出转场即上一个镜头的画面由明转暗，直至黑场；下一个镜头的画面由暗转明，逐渐显示至正常亮度。淡出与淡入的时长一般各为 2 秒，但在实际编辑时，可以根据视频的情绪、节奏灵活掌握。在部分影片中，在淡出淡入转场之间还有一段黑场，可以表现出剧情告一段落，或者让观赏者陷入思考。

淡入淡出转场形成的由明到暗再由暗到明的转场过程

叠化转场

叠化转场是指前后两个镜头在短时间内重叠，并且前一个镜头逐渐变得模糊直到消失，后一个镜头逐渐清晰直到完全显现。叠化转场主要用来表现时间的消逝、空间的转换，或者在表现梦境和回忆的镜头中使用。

值得一提的是，在应用叠化转场后，前后两个镜头会有几秒比较模糊的重叠，如果镜头质量不佳的话，可以用这段时间掩盖镜头缺陷。

叠化转场会出现前后场景景物模糊重叠的画面

划像转场

划像转场也被称为扫换转场，可分为划出与划入。上一个画面从某一方向退出屏幕称为划出；下一个画面从某一方向进入屏幕称为划入。根据画面进、出屏幕的方向不同，可分为横划、竖划、对角线划等，通常在两个内容意义差别较大的镜头转场时使用。

画面横向滑动，前一个镜头逐渐划出，后一个镜头逐渐划入

非技巧性转场

利用相似性进行转场

当前后两个镜头具有相同或相似的主体形象，或者在运动方向、速度和色彩等方面具有一致性时，即可实现视觉连续、转场顺畅的目的。

比如，上一个镜头是果农在果园里采摘苹果，下一个镜头是顾客在菜市场挑选苹果的特写，利用上下镜头都有"苹果"这一相似性内容，将两个不同场景下的镜头联系起来，从而实现自然、顺畅的转场效果。

利用"夕阳的光线"这一相似性进行转场的3个镜头

利用思维惯性进行转场

利用人们的思维惯性进行转场，往往可以让人产生联系上的错觉，使转场流畅且有趣。

例如，上一个镜头是孩子在家里和父母说"我去上学了"，然后下一个镜头切换到学校大门的场景，整个场景的转换就会比较自然。究其原因在于观赏者听到"去上学"3个字后，脑海中自然会呈现出学校的场景，所以此时进行场景转换就会显得比较顺畅。

通过语言等其他方式让观赏者脑海中呈现某一景象，从而进行自然、流畅的转场

两级镜头转场

利用前后镜头在景别、动静变化等方面的巨大反差和对比，形成明显的段落感，这种转场方式称为两级镜头转场。

由于此种转场方式的段落感比较强，可以突出视频中的不同部分。比如，前一段落大景别结束，下一段落小景别开场，就有种类似写作"总一分"的效果。也就是在大景别部分让观者对环境有一个大致的了解，然后在小景别部分细说其中的故事，从而让观者在观看视频时有更加清晰的思路。

先通过远景表现日落西山的景观，然后自然地转接两个特写镜头，分别表现"日落"和"山"

声音转场

用音乐、音响、解说词、对白等与画面相配合的转场方式称为声音转场。声音转场主要分为以下 2 种。

（1）利用声音的延续性自然地转换到下一段落。其中，主要方式是同一旋律、声音的提前进入和前后段落声音相似部分的叠化。利用声音的吸引作用，弱化了画面转换、段落变化时的视觉跳动。

（2）利用声音的呼应关系实现场景转换。上下镜头通过两个接连紧密的声音进行衔接，并同时进行场景的更换，让观者有一种穿越时空的视觉感受。比如，上一个镜头是男孩儿在公园里问女孩儿："你愿意嫁给我吗？"下一个镜头是女孩儿回答："我愿意！"但此时场景已经转到了结婚典礼现场。

空镜转场

只拍摄场景的镜头称为空镜头。这种转场方式通常在需要表现时间或空间巨大变化时使用，从而起到过渡、缓冲的作用。

除此之外，空镜头也可以实现"借物抒情"的效果。比如，上一个镜头是女主角向男主角在电话中提出分手，接一个空镜头，是雨滴落在地面的景象，然后再接男主角在雨中接电话的景象。其中，"分手"这种消极情绪与雨滴落在地面的镜头之间是有情感上的内在联系的；而男主角站在雨中接电话，由于与空镜头中的"雨"存在空间上的联系，从而实现了自然且富有情感的转场效果。

利用空镜头衔接时间和空间发生大幅跳跃的镜头

主观镜头转场

主观镜头转场是指上一个镜头拍摄者正在观看的画面，下一个镜头接转拍摄者所观看的对象，这就是主观镜头转场。主观镜头转场是按照前、后两个镜头之间的逻辑关系来处理转场的手法，既显得自然，同时又可以引起观众的探究心理。

主观镜头通常会与拍摄者所看景物的镜头连接在一起

遮挡镜头转场

某物逐渐遮挡画面，直至完全遮挡，然后再逐渐离开，显露画面的过程就是遮挡镜头转场。这种转场方式可以将过场戏省略掉，从而加快画面节奏。

其中，如果遮挡物距离镜头较近，阻挡了大量的光线，导致画面完全变黑，再由纯黑的画面逐渐转变为正常的场景，这种方法称为挡黑转场。挡黑转场还可以在视觉上给人以较强的冲击力，同时还可以制造视觉悬念。

当马匹完全遮挡住骑马的孩子时，镜头自然地转向了羊群特写

镜头语言之"起幅"与"落幅"

理解"起幅"与"落幅"的含义和作用

起幅是指在运动镜头开始时,要有一个由固定镜头逐渐转为运动镜头的过程,而此时的固定镜头则被称为起幅。

为了让运动镜头之间的连接没有跳动感、割裂感,往往需要在运动镜头的结尾处逐渐转为固定镜头,称为落幅。

除了可以让镜头之间的连接更加自然、连贯,起幅和落幅还可以让观者在运动镜头中看清画面中的场景。其中,起幅与落幅的时长一般为 1 ~ 2 秒,如果画面信息量比较大,如远景镜头,则可以适当延长时间。

在镜头开始运动前停顿一下,可以将画面信息充分传达给观众

起幅与落幅的拍摄要求

由于起幅和落幅是固定镜头,考虑到画面美感,在构图时要严谨。尤其是在拍摄到落幅阶段时,镜头所停稳的位置、画面中主体的位置和所包含的景物均要进行精心设计。

停稳的时间也要恰到好处。过晚进入落幅则在与下一段起幅衔接时会出现割裂感,而过早进入落幅又会导致镜头停滞时间过长,让画面显得僵硬、死板。

在镜头开始运动和停止运动的过程中,镜头速度的变化要尽量均匀、平稳,从而让镜头衔接更加自然、顺畅。

镜头的起幅与落幅是固定镜头录制的画面,所以在构图上比较讲究

镜头语言之镜头节奏

镜头节奏要符合观众的心理预期

当看完一段由多个镜头组成的视频后，并不会产生割裂感，而是有一种流畅、自然的观看感受，正是镜头的节奏与观众的心理节奏相吻合的结果。

比如，在观看一段打斗视频时，此时观众的心理预期自然是激烈、刺激，因此即便镜头切换得再快、再频繁，在视觉上也不会感觉不适。相反，如果在表现打斗的画面时，采用相对平缓的镜头节奏，反而会给人一种突兀感。

为了营造激烈的打斗氛围，甚至会将一个镜头时长控制在1秒以内

镜头节奏应与内容相符

对于表现动感和奇观的好莱坞大片而言，自然要通过鲜明的节奏和镜头冲击力让人获得刺激感；而对于表现生活、情感的影片，则往往镜头节奏比较慢，从而营造出更现实的观感。

也就是说，镜头的节奏要与视频中的音乐、演员的表演、环境的影调相匹配。比如，在悠扬的音乐声中，在整体画面影调很明亮的情况下，镜头的节奏也应该比较舒缓，从而让整个画面显得更协调。

为了表现出地震时的紧张氛围，在4秒内出现了4个镜头，平均1秒一个镜头

利用节奏控制观赏者的心理

前面强调了节奏要符合观赏者的心理预期，但在录制视频时，可以通过镜头节奏来影响观众的心理，从而让观众在情绪上产生共鸣或同步。比如，悬疑大师希区柯克就非常喜欢通过镜头节奏形成独特的个人风格。在《精神病患者》浴室谋杀这一段影片中，仅 39 秒的时长就包含了 33 个镜头。时间之短、镜头之多、速度之快、节奏点之精确，让观赏者在跟上镜头节奏的同时，也被带入到了一种极度紧张的情绪中。

《精神病患者》浴室谋杀片段中快节奏的镜头让观众进入到异常紧张的情绪中

把握住视频整体的节奏

为了突出风格、表达情感，任何一段视频中都应该具有一个或多个主要节奏。之所以有可能具有多个主要节奏，原因在于很多视频会出现情节上的反转，或者是不同的表达阶段。那么对于有反转的情节，镜头的节奏也要产生较大幅度的变化；而对于不同的阶段，则要根据上文所表达的内容及观众的预期心理来寻找适合当前阶段的主节奏。

需要注意的是，把握视频的整体节奏不代表节奏单调。在整体节奏不变的前提下，适当的节奏变化可以让视频更生动，在变化中走向统一。

电影《肖申克的救赎》开头在法庭上的片段，每一个安迪和法官的近景镜头都在10秒左右，以此强调人物的心理，也奠定了影片以长镜头为主、节奏较慢的纪实性叙事方式

第5章

掌握视频剪辑底层逻辑及实用技法

"看不到"的剪辑

由于短视频时长很短，所以对剪辑的要求是比较低的。而对于长视频，比如影视剧、综艺节目等，要想让观众长时间观看却不觉乏味、单调，剪辑是至关重要的。流畅、优秀的剪辑会让观众在看完视频后，完全感觉不到剪辑的存在，正所谓"看不到的剪辑，才是好的剪辑"。

剪辑的 5 个目的

剪辑可以说是视频制作不可或缺的。因为如果只依赖前期拍摄，那么势必在跨越时间和空间的画面中出现很多冗余的部分，也很难把握画面的节奏与变化。所以，就需要利用剪辑来重新组合各个视频片段的顺序，并"剪"掉多余的画面，令画面的衔接更紧凑，结构更严密。

去掉视频中多余的部分

剪辑最基本的目的在于将不需要的、多余的部分删掉。比如，视频片段的开头与结尾往往会有一些并无实质内容，且会影响画面节奏的部分，将这部分删除，就可以令画面更紧凑。同时，在录制过程中也难免会受到干扰，导致一些画面有瑕疵，不可用，也需要通过剪辑将其删除。

除此之外，有些视频片段的画面没有问题，但是在剪辑过程中发现它们与视频主题有偏差，或者很难与其他片段衔接，也可以将其"剪"掉，如图 1 这组图所示。

图 1　从汽车行驶途中，到停在加油站，再到下车交谈，这几个画面间势必会有一些无关紧要或拖慢画面节奏的内容。将这些多余的内容删掉后，画面衔接会比较紧凑

自由控制时间和空间

在很多影视剧中经常会看到前一个画面还是白天，后一个画面已经是深夜；或者前一个画面在一个国家，下一个画面就到了另外一个国家。之所以在视频中可以呈现出这种时间和空间上的大幅跨越，就是剪辑在发挥作用。

通过剪辑可以自由地控制时间和空间，从而打破物理制约，让画面内容更丰富，同时也省去了在转换时间和空间时无意义的内容。另外，在一些视频中，通过衔接不同时间和空间的画面，可以让故事情节更吸引观众，如图 2 这组图所示。

图 2　从黑夜到白天，从山庄到火车站，通过剪辑可以实现时间与空间的快速交替

通过剪辑控制画面节奏

之所以大多数视频的画面都是在不断变化的，是因为一旦画面静止不动，就很容易让观者感觉到枯燥，并转而观看其他视频，从而导致视频的流量较低。

而剪辑可以控制视频片段的时长，使其不断发生变化，从而保持观众对视频的好奇心并将整条视频看完。另外，对于不同的画面，也需要利用剪辑营造不同的节奏。比如，打斗的画面就应该加快画面节奏，让多个视频片段在短时间内快速播放，营造紧张的氛围；而温馨、抒情的画面则应该减慢画面节奏，让视频中包含较多的长镜头，从而营造平静、淡然的氛围，如图 3 这组图所示。

值得一提的是，由于抖音、快手等短视频平台的受众大多利用碎片化时间进行观看，所以尽量发布画面节奏较快、时长较短的视频，往往可以获得更多的流量。

图 3　为了表现出比赛的紧张刺激，画面节奏会非常快

通过剪辑合理安排各画面顺序

在观看影视剧时，虽然画面在不断地发生变化，但我们却依然感觉很连贯，不会觉得断断续续的。其原因在于通过剪辑将符合心理预期及逻辑顺序的画面衔接在一起后，由于画面彼此存在联系，因此每一个画面的出现都不会让观众感到突兀，自然会给人流畅、连贯的视觉感受。

而所谓"心理预期"，即在看到某一个画面后，根据"视觉惯性"，本能地对下一个画面产生联想。如果视频画面与观众脑海中联想的画面有相似之处，即可给人连贯的视觉感受，如图4这组图所示。

而"逻辑顺序"则可以理解为在现实场景中一些现象的自然规律。比如，一个玻璃杯从桌子上滑落掉到地上打碎的画面。该画面既可以通过一个镜头表现，也可以通过多个镜头表现。如果通过多个镜头表现，那么当杯子从桌子上滑落后，其下一个画面理应是摔到地上并打碎，因为这符合自然规律，也就符合正常的逻辑。通过逻辑关系衔接的画面，哪怕镜头数量再多，也会给观者一种连贯的视觉感受。

值得一提的是，如果想营造悬念感，则可以不按常理出牌，将不符合人们心理预期及逻辑顺序的画面衔接在一起，从而引发冲突，让观众思考这种"不合理"出现的原因。

图4 当男子吃惊地看向某个景物时，观众的心理预期自然是"他在看什么？"，所以接下来的镜头就对准了他所看到鞋子。而当画面中出现从药盒取药的画面时，根据逻辑顺序，自然接下来要喝水吃药

对视频进行二次创作

剪辑之所以能够成为独立的艺术门类，主要在于它是对镜头语言和视听语言的再创作。既然提到"创作"，就意味着即便是相同的视频素材，通过不同的方式进行剪辑，也可以形成画面效果、风格甚至是情感都完全不同的视频。

而剪辑的本质，其实也是对视频画面中的人或物进行解构再到重组的过程，也就是所谓的蒙太奇。

对于同样的视频素材，经过不同的剪辑师进行剪辑，其最终呈现的效果往往不尽相同甚至是天差地别。这也从侧面证明了剪辑不是机械化劳动，而是需要发挥剪辑人员的主观能动性，蕴含着对视频内容理解与思考的二次创作，如图5这组图所示。

图 5　一段电影中的舞蹈画面，不同的剪辑师对于不同取景范围的素材选择及画面交替时的节点，包括何时插入周围人的窃窃私语与表情都会有所不同

"剪辑"与"转场"的关系

其实剪辑的目的无非是为了塑造故事，以及让画面连贯紧凑。而"转场"的作用也是为了让画面间更连贯，这就与"剪辑"产生了重合。

事实上，"剪辑"是包含"转场"的，或者说"转场"是"剪辑"工作的一部分。"转场"仅仅涉及两个画面的"衔接"，而剪辑不仅要处理"衔接"，更重要的是对多个画面进行组合，并控制每个画面的持续时间。

剪辑的 5 个基本方法

将一些特定的画面相互连接会给人自然连贯的视觉感受，再根据不同的素材灵活地进行使用，就完成了基本的剪辑操作。需要强调的是，剪辑没有公式，任何两个画面都可以衔接，所以下文所讲解的只是常规方法，并不是只有按照这些方法去剪辑才是对的。

反拍剪辑

将两个拍摄方向相反的画面衔接，被称为"反拍剪辑"。这两个画面可以针对同一主体，也可以分别拍摄人物及他所面对的景物。这种剪辑方法通常应用在人物面对面的场景，比如两个人交谈、在公众场所讲话等。比如图 6 所示的两个画面，第一个画面是正在说话的人，第二个画面则是他所面对的那个人，这就形成了"反拍剪辑"并营造出了对话场景。

图 6

主视角剪辑

在某个人物画面后衔接这个人物的第一视角画面，即为"主视角剪辑"。这种剪辑方法能够给人强烈的代入感，可以让观众进入角色，仿佛能感受到角色的喜怒哀乐。如图 7 所示第一个画面中的人物正看向伤害他的人，紧跟着以第一视角画面展现他所看到的景象，而可以让观众感受到他的无力反抗。

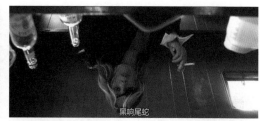

图 7

加入人们的反应

在某个画面之后衔接别人的反应，可以营造画面的情绪和氛围。比如图 8 所示的第一个画面展示了男孩的父母正在训斥他，而第二个画面则紧接着表现其未来的丈人和丈母娘的反应，顿时情绪变得严肃起来。有时还会衔接好几个表现人物表情、反应的画面，用来刻画某一"重大事件"造成的影响。

图 8

"插入"关键信息

加入表现画面中关键信息的画面，称为"插入"，也称"切出"。这种画面往往起到推动情节发展，或者起到引入、切换画面的作用。比如图 9 所示的第一个画面表现人物正在仔细观察什么，接下来则出现"跟踪器"的特写画面，以此"插入"正在进行跟踪的这一关键信息，推动了故事的发展。

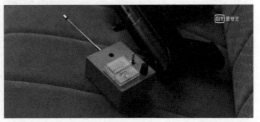

图 9

通过声音进行剪辑

声音是对画面进行剪辑的主要动机之一。比如，人物说话的声音、激烈打斗出现的声音、从教堂中传出的声音等，不同的声音带给观众不同的感受，所以需要将素材剪辑为与之匹配的效果。比如图 10 所示的是一个男孩回忆起的悲惨经历，其中夹杂着或愤怒、或凄惨的尖叫声，还有火焰燃烧的声音，这些声音的快速切换串联起了多个画面。

图 10

8 个让视频更流畅的关键

通过"剪辑的 5 个方法"，大家了解了在常规情况下，哪些画面可以衔接在一起。虽然这些画面相互连接时并不会让观众感到突兀，但要想做到"看不到剪辑"，还要注意一些可以让画面衔接更自然的细节。

让画面衔接得更自然的本质，其实就是将两个有联系、有相同点和相似点、互相匹配的画面衔接起来。由于"剪辑"与"转场"的关系，此部分内容也可以看作是"非技术性转场"的扩展。

方向匹配

当两个画面中景物的运动方向一致时，往往可以让衔接看起来更自然。另外，当景物移出画面时，如果下一个画面表现该景物以相同的方向移入画面，那么画面会显得非常连贯。比如图11所示的第一个画面中两个奔跑的"人"从画面左侧移出，接下来第二个画面则从画面右侧出现，符合"方向匹配"。举一反三，如果景物是静止的，而镜头是移动的，那么两个镜头移动方向一致的画面依然符合"方向匹配"。

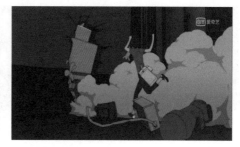

图 11

视线匹配

两个画面中的人物视线是相向而视的，就属于视线匹配。但有时剪辑者会故意让视线不匹配，以此表现人物眼神的刻意躲避或彼此的漠视。

比如图12所示的第二个画面中男人的视线并没有看向第一个画面中女人，就形成了视线不匹配的效果，表现出了双方的隔阂。

图 12

而随着谈话继续进展，当双方视线匹配时，则表现出他们开始感受到对方的痛苦与挣扎，画面的衔接也更连贯，如图13所示。

图 13

角度匹配

当前后两个画面的拍摄角度基本相同时，就称为"角度匹配"。角度匹配通常应用在人物对话的场景，来降低拍摄方向改变所造成的"变化"，让画面更流畅。比如图14的两张图中展示的对话场景持续了近5分钟时间，画面多次在二人之间切换。由于拍摄角度在相反方向上几乎完全相同，所以让这一系列画面变得十分紧凑。另外，一些特殊角度的匹配，也用来营造画面氛围，比如多个画面采用倾斜角度表现惊悚、紧张、激烈等。

图14

构图匹配

当多个画面的构图存在相似之处时，依然可以让视频画面看起来更连贯。而一些影片由于会多次利用同一种构图方式，甚至会形成独特的风格，比如《布达佩斯大饭店》这部电影就大量使用了中央构图，并以此为标志。但这对摄影师的要求非常高，毕竟需要让一种构图方式贯穿整部电影。因此我们常见的是类似图15所示的两张这样，通过相似的构图来衔接个别画面。

图15

形状匹配

利用前后两个画面中相似的形状让场景变化更平滑，称为"形状匹配"。这种方式并不常见，却可以实现时间或空间的大范围变化，并且不让观众感到突兀。比如图16中第一个画面地上的圆形图案就与下一个画面中的"唱片"相呼应，完成不同场景的衔接。

图16

光线和色调匹配

连接在一起的画面不一定是同一时间拍摄的。而为了让观众认为两个画面的时间没有改变，就需要使光线和色调匹配，必要时需要进行调色，并营造光感。比如组图 17 中展示的影片，其夜晚的色调全部高度统一，势必要进行调色处理，从而实现色调匹配。另外，一些影视剧的色调会根据故事进展而变化，以此来暗示故事的不同阶段，或者为影视剧想要营造的氛围提供帮助。

图 17

动作匹配

两个画面中的动作如果是连贯的，就形成了"动作匹配"。大多数情况下，都是对"一个动作"，以不同景别或角度拍摄的画面进行匹配。但也有少数情况，可以通过不同空间、不同人物做出的"连续动作"实现空间或时间的转换。比如组图 18 中的第一个画面，是人与狗在跳舞，而第二个画面则通过匹配类似的动作，转换到马戏团的跳舞场景。

图 18

想法匹配

所谓"想法匹配"，其实就是将多个引导观众产生类似想法的画面衔接在一起。比如，看到时钟停摆就想到死亡；看到绿芽萌发就想到新生；看到海浪猛烈地击打在岩石上就会想到激烈的冲突或碰撞等。因为能够产生类似想法的景象可以有很大的跨度，所以非常适合将两个场景中具有较大差异的画面相连接。比如组图 19 的第一个画面是两个孩子在玩枪，第二个画面为另一个孩子嬉戏的画面，就是抓住了观众在思考上的惯性。

图 19

在恰当的时刻进行画面交替

在剪辑过程中，知道什么样的画面可以流畅地衔接在一起还不够，还要了解什么样的时间点适合衔接画面，才能够让视频剪辑工作"一气呵成"。

人物表情突变的时间点

观众对于人物表情信息的获取是很快的，尤其是当人物的表情产生明显变化时，很容易被观众注意到。而就在注意到这个表情的瞬间，就是一个好的切入点。当接下来的画面显示为何会产生这种表情时，就会非常自然。比如组图 20 所示，第一个画面中人物的表情突然出现了变化，并焦急地看向一边，紧接着第二个画面给出他狂奔出门追画面中客车的情景，从而解释了他表情突变的原因。

图 20

人物动作的转折点

无论是全身动作还是肢体动作，当一个动作刚开始出现时，都可以作为一个切入点。配合其他景别或不同拍摄角度的画面，就可以将一整个动作完整表现出来的同时还让画面更丰富。比如组图 21 中的"点火"动作其实分成了多个画面，这里展示其中两个。整个动作是连贯的，但却分成不同的景别和不同的角度来表现。

图 21

动作和表情结合的转折点

画面中人物的表情和动作往往是同时进行的，但表情一定会先于动作出现。那么在做剪辑时，如果人物表情变化后紧接着开始某种行动，就可以等动作刚开始出现时再接之后的画面，而不是在出现表情后。比如组图 22 所示，人物露出愤怒的表情，并随后殴打另外一人，这时第一个画面就是"刚要动手"的画面，紧接着第二个画面表现"殴打"的动作，但调整了取景范围和景别，画面就生动起来了。

图 22

用剪辑"控制"时间

一部电影可能只有两小时的时长，但却可以讲述真实时间 1 天、1 个月或 1 年间发生的故事。同样，一些本来转瞬即逝的画面，也有可能通过几秒甚至十几秒的时间来表现。所以，通过剪辑来"控制"时间，在视频创作中是很常见的。

时间压缩剪辑

通过缩短片段时长、使用叠化转场等方法，让多个同一空间，但不同时间的画面依次出现，从而表现出时间的流逝，称为"时间压缩"剪辑。比如，组图 23 连续展示了 3 个人物奔跑的画面，环境是统一的，动作是连续的，但人物的着装、状态却随着时间推移在不断发生变化，这样就将可能需要较长时间才会发生的"蜕变"，压缩在了短短几秒之内。

图 23

除此之外，"快闪剪辑"属于时间压缩的另一种形式。上文所述的时间压缩剪辑方法通常用于压缩较长的时间范围。而"快闪剪辑"则用于压缩本身就很短暂的瞬间。剔除任何无用的画面，只保留关键"动作"，就是快闪剪辑的核心思路，而这通常用于打斗画面的剪辑，以进一步营造急促、紧张、激烈的氛围。比如，组图 24 第一个画面表现女人吃惊的表情，第二个画面直接就是人物飞踹过来，没有任何拖泥带水。

图 24

时间扩展剪辑

通过延长片段时长，放缓画面交替的节奏，或者反复、多角度表现同一动作等，给观众一种时间被延长的视觉感受，就属于"时间扩展剪辑"。如组图 25 展示的画面，为了表现出拿筷子吃饭的艰难，一个镜头持续了近 15 秒的时间，是典型的通过放缓画面交替节奏实现时间扩展的案例。

需要注意的是，当通过多角度表现同一动作时，如果该动作在画面中是连贯的，为了让"时间扩展"更明显，往往需要配合"慢动作"进行呈现。

图 25

时间停滞剪辑

"时间停滞"剪辑也可以理解为"时间扩展剪辑"的另一种形式。往往以在充满紧张感的画面中，突然出现一个相对平静的画面来实现"时间停滞"的效果。所以，"时间停滞"剪辑并不是真的加入一个静止的画面，而仅仅是让快节奏的画面突然有一个缓冲，让观众悬着的心放下来一些，从而为之后的高潮做铺垫。比如组图 26 表现的战斗场景，明明节奏很快，但突然插入了相对平稳的指挥官与副官说话，并看了眼怀表的场景，给了观众心理缓冲的机会，但又预示着接下来会有更激烈的画面。

图 26

通过画面播放速度影响"时间"

调整画面的播放速度也是剪辑的一部分。利用定格、慢动作、快动作这 3 种播放效果，可以让画面对时间的表现更灵活。

定格

顾名思义，定格画面其实就是静止画面。静止画面可以让一种氛围或情绪保持一小段时间不会改变。往往用来塑造情绪异常强烈的时刻，比如夺冠的胜利时刻或爱人离世的痛苦时刻等。图 27 就是通过"定格"画面来突出坏人被打倒在地的场景。

图 27

慢动作

速度正常的画面被减速播放，则属于慢动作效果。慢动作效果常常用在体育视频或激烈的打斗画面中，从而突出表现某个瞬间，让观众可以看到更多精彩的细节。比如组图 28 展示的场景中，就是通过慢动作来表现老者的腾空动作的。

图 28

快动作

速度正常的画面被加速播放，则属于快动作效果。快动作效果的应用相比慢动作效果要少很多，通常用于表现人物记忆恢复，或者戏剧效果等才会使用。有时也会为了压缩时间，而采用快动作效果。在组图 29 展示的场景中，为了表现出人物在时间紧迫的情况下"背答案"所导致的大脑超负荷运转，所以将不断晃动镜头拍摄的素材进行了加速处理，形成快动作，将"大脑快速运转"形象化。

图 29

第6章

深入掌握短视频作品
七大构成要素

全面认识短视频的 7 大构成要素

虽然大多数创作者每天都可能观看几十甚至数百条短视频，但仍然有不少创作者对短视频的构成要素缺乏了解，下面对短视频的构成要素进行一一拆解。

选题

选题即每一条视频的主题，确定选题是创作视频的第一步。好的选题不必使用太多技巧就能够获得大量推荐，而平庸的选题即便投放大量 DOU+ 广告进行推广，也不太可能火爆。

因此，对创作者来说，"选题定生死"这句话也不算夸张。

内容

确定选题方向后，还要确定其表现形式。同样一个选题，可以由真人口述，也可以图文的形式展示；可以实场拍摄，也可以漫画的形式表现。当前丰富的创作手段给创作者提供了无限的创作空间。

在选题相似的情况下，谁的内容创作技巧更高超、表现手法更新颖，谁的视频就更可能火爆。

所以，抖音中的技术流视频一直拥有较高的播放量与认可度。图 1 所示就是比较火爆的变身视频。

图 1

标题

标题是整个视频主体内容的概括，好的标题能够让人对内容一目了然。

此外，对于视频中无法表现出来的情绪或升华主题，也可以在标题中表现出来，如图 2 所示。

图 2

音乐

抖音之所以能够给人沉浸式的观看体验，背景音乐可以说功不可没。

大家可以试一下将视频静音，这时就会发现很多视频变得索然无味。

所以，每一个创作者都要对背景音乐有足够的重视，养成保存同类火爆视频背景音乐的好习惯，如图 3 所示。

图 3

字幕

为了便于听障人士及方便人们在嘈杂的环境下观看视频，抖音中的大部分视频都添加了字幕。

但需要注意避免字幕位置不当、文字过小、文字色彩与背景色混融、字体过于纤细等问题，如图 4 和图 5 所示视频的字幕的辨识度就较差。

但这个不是强制性要求，对新手来说，如果考虑成本，也可以不用添加。

封面

封面不仅是视频的重要组成元素，也是粉丝进入主页后判断创作者是否专业的依据。

如图 6 和图 7 所示，整齐的封面不仅能够给人以专业、认真的印象，而且使主页更加美观。

话题

在标题中添加话题是告诉抖音如何归类视频。当话题被搜索或人们从标题处点击查看时，同类视频可依据时间、热度进行排名，如图 8 和图 9 所示。

因此，为视频添加话题有助于提高视频的展现概率，获得更多的流量。

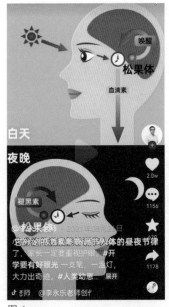

图 4

图 5

图 6

图 7

图 8

图 9

让选题思路源源不断的 3 个方法

下面介绍 3 个常用的方法，帮助读者拥有源源不断的选题灵感。

蹭节日

拿起日历，注意要包括中、外、阳历、阴历各种节日的日历。另外，也不要忘记电商们自创的节日。

以 5 月为例，有"劳动节"和"母亲节"两个节日，立夏和小满两个节气，就是很好的切入点，如图 10 所示。

围绕这些时间点找到自己的垂直领域与它的相关性。例如，美食领域可以出一期节目，以"母亲节，我们应该给她做一道什么样的美食"为主题；数码领域可以出一期节目，以"母亲节，送她一个高科技'护身符'"为主题；美妆领域可以出一期节目，以"这款面霜大胆送母上，便宜量又足，性能不输 ××× "为主题，这里的 ××× 可以是一个竞品的名称。

图 10

蹭热点

此处的热点是指社会上的突发事件。这些热点通常自带话题性和争议性，以这些热点为主题展开讨论，很容易获得关注。

蹭热点既有一定的技术含量，更有一定的道德底线，否则，反而适得其反。例如，主持人王某芬曾经就创业者茅侃侃自杀事件发过一条微博，并在第二条欢呼该微博阅读破 10 万。这是典型的"吃人血馒头"，因此受到许多网民的抵制，如图 11 所示，最终不得不以道歉收场。

图 11

蹭同行

这里所说的同行，不仅包括视频媒体同行，还泛指视频创作方向相同的所有类型的媒体。例如，不仅要在抖音上关注同类账号，尤其是相同领域的头部账号，还要在其他短视频平台上找相同领域的大号。视频同行的内容能够帮助新入行的小白快速了解围绕着一个主题，如何用视频画面、声音（或音乐）来表现选题主旨，也便于自己在同行的基础上进行创新与创作。

另外，还应该关注图文领域的同类账号，如头条号、公众号、百家号、大鱼号和网易号、知乎、小红书等。在这些媒体上寻找阅读量比较高或热度比较高的文章。

因为这些爆文可以直接转化成为视频选题，只需按文章的逻辑重新制作成为视频即可。

反向挖掘选题的方法

绝大多数创作者在策划选题时，方向都是由内及外的，从创作者本身的知识储备去考虑，应该带给粉丝什么样的内容。这种方法的弊端是很容易因自己的认知范围导致自己的视频内容限于窠臼。

如果已经有一定数量的粉丝，不妨以粉丝为切入点，将自己为粉丝解决的问题制作成选题，即反向从粉丝那里挖掘选题。

首先，这些问题有可能是共性的，不是一个粉丝的问题，而是一群粉丝的问题，所以受众较广。

其次，这些问题是真实发生的，甚至有聊天记录，所以可信度很高。

这样的选题思路，在抖音中已经有大 V 用得非常好了，比如"猴哥说车"，创作者就是为粉丝解决一个又一个问题，并将过程创作成为视频，最终使自己成为 4000 万粉丝大号，如图 12 所示。

图 12

跳出知识茧房挖掘选题的方法

众所周知，抖音采用的是个性化推荐方式，因此，一个对美食、旅游内容感兴趣的用户，总是能够刷到这两类视频。但这样的个性化推荐，对一个内容创作者来说无疑是思想的知识茧房。由于无法看到其他领域的视频，自然也没办法举一反三，从其他领域的视频中汲取灵感，从而突破自己的与行业的创作瓶颈。

所以，对一个想不断突破、创新的创作者来说，一定要跳出抖音的知识茧房。

操作方法如下所述。

1. 在抖音 App 中点击"我"，再点击右上角的三条杠。
2. 点击"设置"选项，点击"通用设置"选项。
3. 点击"管理个性化内容推荐"选项。
4. 关闭"个性化内容推荐"开关，如图 13 所示。

在这种情况下，抖音推送的都是各个领域较为热门的内容，对许多创作者来说犹如打开了一个新世界。

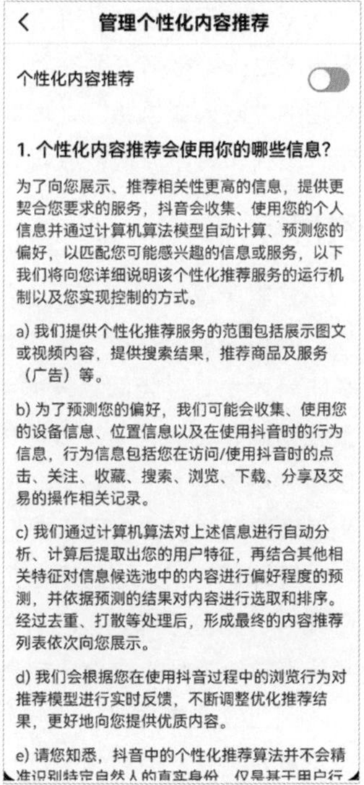

图 13

使用创作灵感批量寻找优质选题

创作灵感是抖音官方推出的帮助创作者寻找选题的工具,这些选题基于大数据筛选,所以不仅数量多,而且范围广,能够突破创作者的认知范围。

下面是具体的使用方法。

1. 在抖音中搜索"创作灵感"话题,如图 14 所示,点击进入话题。

2. 点击"点我找热门选题",如图 15 所示。

3. 在顶部搜索栏中输入要创建的视频主题词,如"麻将",再点击"搜索"按钮,如图 16 所示。

4. 找到适合自己创建的、热门的主题,例如,笔者在此选择的是"麻将口诀大全"。

5. 查看与此话题相关的视频,分析学习相关视频的创作思路,如图 17 所示。如果查看相关用户,还可以找到大量的对标账号。

6. 按此方法找到多个值得拍摄的主题后,点击"稍后拍摄"按钮,将创作灵感保存在自己的灵感库中。

7. 以后要创作此类主题的视频时,只需点击右上角的图标,打开自己的创作灵感库进行自由创作即可。

图 14

图 15

图 16

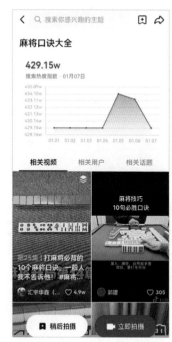

图 17

用抖音热点宝寻找热点选题

什么是抖音热点宝

抖音热点宝是抖音官方推出的热点分析平台，基于全方位的抖音热点数据解读，帮助创作者更好地洞察热点趋势，参与热点选题创作，获取更多优质流量，而且完全免费。

要开启热点宝功能，要先进入抖音创作者服务平台，点击"服务市场"，如图 18 所示。

图 18

在服务列表中点击"抖音热点宝"，显示如图 19 所示的页面，点击红色的"立即订购"按钮后点击"提交订单"按钮。

图 19

点击"立即使用"按钮，则会进入如图 20 所示的使用页面。

如果感觉使用页面较小，可以通过网址 https://douhot.douyin.com/welcome 进入抖音热点宝的独立网站。

图 20

使用热点榜单跟热点

抖音热点榜可以给出某一事件的热度，而且有更明显的即时热度趋势图，如图21所示。将鼠标指针放在某一个热点事件的热度趋势图形线条上，可以查看某一时刻事件的热度。

使用抖音热点宝，可以按领域进行区分，但可以通过点击"查看数量分布"按钮，来查看哪一个领域的热点更多，如图22所示。

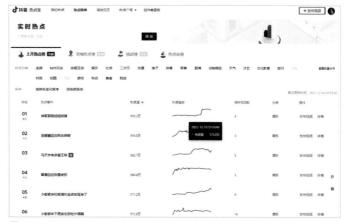

图 21

图 22

利用同城热单推广线下门店

如果在创作视频时，有获取同城流量推广线下门店的需求，一定要使用"同城热点榜"功能，在榜单上一共列出了17个城市。

如果创作者所在的城市没有被列出，可以在右上方的搜索框中搜索城市的名称，例如，笔者搜索"石家庄"，则可以查看石家庄的城市热点事件，如图23所示。

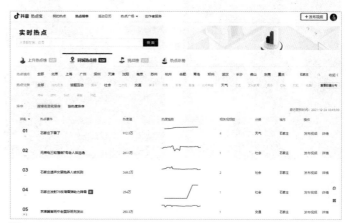

图 23

抖音短视频的 9 种呈现方式

短视频的呈现方式多种多样，有的呈现方式门槛较高，适合团队拍摄、制作；而有的呈现方式则相对简单，一个人也能轻松完成。笔者总结了当前常见的 9 种短视频呈现方式，各位读者可以根据自己的内容特点，从中选择适合自己的方式。

固定机位真人实拍

在抖音 App 中，大量口播类视频都采用定点录制人物的方式。录制时通过在人物面前固定手机或相机完成拍摄，这种方式的好处在于一个人就可以操作，并且几乎不需要什么后期处理。

只要准备好文案，就可以快速制作出大量视频，如图 24 所示。

图 24

绿幕抠像变化场景

与前一种方式相比，由于采用了绿幕抠像的方式，因此人物的背景可以随着主题的不同发生变化，适合需要不断变换背景，以匹配视频讲解内容的创作者。但对场地空间与布光、抠像技术有一定的要求，图 25 所示为录制环境。

图 25

携特色道具出镜

对于不希望真人出镜的创作者，可以使用一些道具，如图 26 中的超大"面具"，既可以起到不真人出镜的目的，又提高了辨识度。但需要强调的是，道具一定不能大众化，最好是自己设计并定制的。

图 26

录屏视频

录制视频即录制手机或平板的视频，这种视频创作门槛很低，适合讲解手机游戏或教学类内容，如图 27 和图 28 所示。前者为手机实录，后者为使用手机自带的录屏功能，或者使用计算机中的 OBS、抖音直播伴侣等软件录制完成。

如果可以人物出镜，结合"人物出镜定点录制"这种方式，并通过后期剪辑在一起，可以丰富画面表现。

图 27

图 28

素材解读式视频

此类视频采用在网上下载视频素材，然后添加背景音乐与进行 AI 配音的方式创作而成。影视解说、动漫混剪等类型的账号多用此方式呈现，如图 29 所示。

此外，一些动物类短视频也通常以"解读"作为主要看点。创作者从网络上下载或自行拍摄动物视频，然后再配上有趣的"解读"，如图 30 所示，也可获得较高的播放量。

图 29

图 30

"多镜头"视频录制

这种视频往往需要团队协作才能完成，拍摄前需要专业的脚本，拍摄过程中需要专业的灯光、收音设备及相机，拍摄后还需要做视频剪辑与配音、配乐。

通过调整拍摄角度、景别，多镜头、多画面呈现内容。

大多数剧情类、美食类、萌宠类内容，都可以采用此种方式拍摄，如图 31 所示。

当然，如果创作者本身具有较强的脚本策划、内容创意与后期剪辑技能，也可以独自完成，3 个月涨粉千万的大号"张同学"就属于此类。

图 31

文字类呈现方式

在视频中只出现文字，也是抖音上很常见的一种内容呈现方式。无论是如图 32 所示的为文字加一些动画和排版进行展示的效果，还是如图 33 所示的仅通过静态画面进行展现的视频效果，只要内容被观众接受，同样可以获得较高的流量。

图文类呈现方式

图文视频是抖音目前正在大力推广的一种内容表现方式。

通过多张图片和相应的文字介绍，即可形成一条短视频。这种方式大大降低了创作技术难度，按照顺序排列图片即可，如图 34 所示。由于这种方式是抖音力推的表现形式，因此还有流量扶持，如图 35 所示。

漫画、动画呈现方式

即以漫画或动画的形式来表现内容，如图 36 和图 37 所示。

其中，漫画类视频由于有成熟的制作工具，如美册，难度不算太大。但动画类内容的制作成本较高，难度就相当大了。

需要注意的是，这类内容由于没有明确的人设，所以要想变现存在一定的困难。

图 32

图 33

图 34

图 35

图 36

图 37

在抖音中发布图文内容

什么是抖音图文

抖音图文是一种只需发布图片并编写配图文字，即可获得与视频相同推荐流量的内容创作形式，视觉效果类于自动翻页的 PPT。对于不擅长制作视频的内容创作者，在抖音发布图文视频大大降低了创作门槛。

在抖音中搜索"抖音图文来了"，即可找到相关话题，如图 38 所示。

图 38

点击话题后，可以查看官方认可的示范视频，按同样的方式进行创作即可，如图 39 所示。

图 39

抖音图文的创作要点

抖音图文的形式特别适合表现总结、展示类内容，如菜谱、拍摄技巧、常用化妆眉笔色号等。

因此，在创作时要注意以下几个要点。

1.图片精美，并且张数不要少于 6 张，否则内容会略显单薄。

2.一定要配上合适的背景音乐，以弥补画面动感不足的缺点。

3.视频标题要尽量将内容干货写全，例如，如图 40 所示的图文讲解的饼干制作配方，标题中用大量文字讲解了配方与制作方法。

4.发布内容时，一定要加上话题＃抖音图文来了。因为在前期推广阶段，此类内容有流量扶持政策。

5.如果要在图片上添加文字，一定要考虑阅读时的辨识度，例如，如图 41 所示的图片上的文字就略显多了。

图 40

图 41

利用 4U 原则创作短视频标题及文案

什么是 4U 原则

4U 原则是由罗伯特·布莱在他的畅销书《文案创作完全手册》里提出的，网络上许多"10 万+"的标题及爆火的视频脚本、话术，都是依据此原则创作出来的。

下面是以标题创作为例进行讲解，但学习后，也可以应用在视频文案、直播话术方面。

4U 其实是 4 个以字母 U 开头的单词，其意义分别如下。

Unique（独特）

猎奇是人类的天性，无论是在写脚本时还是在写标题时，如果能够有意无意地透露出与众不同的特点，就很容易引起观众的好奇心，如图 42 所示。

例如下面的标题。

■ 尘封 50 年的档案，首次独家曝光 ××× 事件的起因。

■ 很少开讲的阿里云首席设计师开发心得。

图 42

Ultra-specific（明确具体）

在信息大爆炸时代，无论是脚本还是标题，最好能够在短时间内就让受众明确所能获得的益处，从而减少他们的决策时间，降低他们的决策成本。

列数字就是一个很好的方法，无论是脚本还是标题，都建议有明确的数字，如图 43 所示。

例如下面的标题。

■ 这样存定期，每年能多得 15% 的收益。

■ 视频打工人必须收藏的 25 个免费视频素材站。

■ 小心，这 9 个口头禅被多数人认为不礼貌。

此外，"明确具体"还指无论是脚本还是标题，最好明确受众。也就是说，使目标群体明确感受到标题指的就是他们，视频就是专门为解决他们的实际问题拍摄的，如图 44 所示。

例如下面的标题。

■ 饭后总是肚子胀，这样自测，就能准确地知道原因。

■ 半年还没有找到合适的工作？不如学自媒体创业吧。

■ 还在喝自来水，没购买净水器吗？三年以后你会后悔。

图 43

图 44

Useful（实际益处）

如果能够在脚本或标题中呈现能够带给观众的确定性收益，就能够大幅提高视频完播率，如图 45 所示。

例如下面的标题。

■ 转发文章，价值 398 元的课程，限时免费领取。

■ 从打工人到打工皇帝，他的职场心法全写在这本书里了。

■ 不必花钱提升带宽，一键加快 Windows 上网速度。

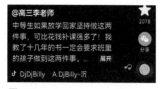

图 45

Urgent（紧迫性）

与获得相比，绝大多数人对失去更加恐惧，因此，如何能够在脚本或标题上表达出优惠、利益是限时限量的，就会让许多人产生紧迫感，从而打开视频或下单购买。

例如下面的标题。

■ 2021 年北京积分落户，只有 10 天窗口期，一定要做对这几件事。

■ 本年度清库换季，只在今天的直播间。

4U 原则创作实战技巧

懂得 4U 原则后，就可以灵活组合应用，创作出更容易打动人的视频标题及脚本。例如，可以考虑下面的组合方式。

■ 明确具体目标人群 + 问题场景化 + 解决方案的实际益处。

■ 明确具体时间 + 目标人群 + 实际益处。

■ 稀缺性 + 紧迫性。

下面以第一种组合为例，通过带货除螨仪来展示一个口播型脚本的主体内容。

家里有过敏性鼻炎小朋友的宝妈一定要看过来。（明确具体目标人群）

小朋友一旦过敏可真是不好受，控制不住流鼻涕，晚上还总是睡不好。即便睡着了，也都是用嘴巴呼吸。（问题场景化）

怎么办呢？只好辛苦当妈的经常晒被子、换床单。不过到了天气不好的季节，可就麻烦了，没太阳啊。（问题场景化）

其实，大家真的可以试一下我们家这款刚获得 ××× 认证的 ××× 牌除螨仪，采用便携式设计，颜值高不说，还特别方便移动，最重要的是利用吸附功能进行除螨，效果杠杠的。一张 1.8 米 ×2 米的大床，只需花 3 分钟就能够搞定。（解决方案实际益处）

因为我们的仪器功率有 400W，口径大，吸力强，还配有振动式拍打效果，可以将被褥深处的螨虫也拍出来，将其吸入尘盒，如图 46 所示。

图 46

用 SCQA 结构理论让文案更有逻辑性

什么是"结构化表达"

麦肯锡咨询顾问芭芭拉·明托在《金字塔原理》一书中，提出了一个"结构化表达"理论——SCQA 架构。利用这个架构，可以轻松地以清晰的逻辑结构把一件事说得更明白，如图 47 所示。

图 47

SCQA 其实是 4 个英文单词的缩写。

- S 即情境（Situation）。
- C 即冲突（Complication）。
- Q 即问题（Question）。
- A 即答案（Answer）。

当利用这种结构说明一件事的时候，语言表现顺序通常是下面这样的。

通过情景陈述（S）代入大家都熟悉的事，让对方产生共鸣。

引出目前没有解决的冲突（C）。

抛出问题（Q），而且是根据前面的冲突，从对方的角度提出关切问题。

最后用解答（A）给出解决文案，从而达到说服对方的目的。

如何使用 SCQA 结构理论组织语言

这个结构既可以用于撰写脚本文字，也可以用于主播在直播间介绍某款产品，应用场景可谓非常广泛。

在具体使用时，既可以按 SCQA 的结构进行表达，也可以使用 CSA 或 QSCA 结构，但无论是哪一种结构，都应该以 A 为结尾，从而达到宣传的目的。

下面列举几个使用这种结构撰写的文案。

案例一：配音课程

情境（S）：经济下行，是不是突然发现，身边朋友都开始着手通过副业挣钱了？

冲突（C）：不过，大多数人可能都一样，没什么启动资金，没有完整的时间段，也没有副业项目。

答案（A）：不妨来学习一下配音，可以接到不少有声书录制、短视频配音小活。

问题（Q）：你可能担心自己的音色不够好，又没有什么基础。

答案（A）：其实不用担心，我的学员之前都是普通人，配音与你一样是零基础，现在也有不少人一个月的副业收入过万了。我有 15 年配音教学经验，能够确保你通过练习掌握配音技巧，赶紧点击头像来找我吧。

这个文案既可用于视频广告，如图 48 所示，也可以在修改后应用在直播间。

图 48

案例二：脱发治疗药品

冲突（C）：哎哟，你的脱发问题很严重啊，再不注意，估计 35 岁就要成秃头了！

问题（Q）：你是打算要面子，还是存票子啊？

情境（S）：其实，治一下并不需要花多少钱，而且以后出门不用再这么麻烦戴假发了。

答案（A）：我们这里有刚刚发布的最新研究成果，通过了国家认证，对治疗脱发有很好的疗效。

这个文案既可用于视频广告，也可以在修改后应用在直播间，如图 49 所示。

图 49

一键获得多个标题的技巧

无论是文字类媒体，还是视频类媒体，标题的重要性都是不言而喻的。对创作新手来说，除了模仿其他优秀标题，也必须培养自己创作标题的感觉。要培养这样的能力，除了大量撰写标题，还可以利用下面所讲述的方法，一键生成若干个标题，然后从中选择合适的。

1. 进入巨量创意网站 https://cc.oceanengine.com/，单击"工具箱"标签。再单击"脚本工具"，如图 50 所示。

图 50

2. 在这个页面中选择"行业"选项，在"关键词"文本框中输入标题关键词，点击"生成"按钮，即可一键生成多条标题，如图 51 所示。

图 51

用软件快速生成标题

"逆象提词"是一款专门用于帮助视频创作者生成标题和提取文本的付费 App。

下载后点击"智能标题生成"按钮，如图 52 所示。

图 52

图 53

选择行业，并且输入关键词，点击"生成"按钮，如图 53 所示。

点击"换一批"按钮，则可以生成不同的标题，如图 54 和图 55 所示。

类似的付费 App 还有若干，值得大家尝试。

图 54

图 55

15 个拿来就能用的短视频标题模板

对许多新手来说，可能在一时之间无法熟练地运用书中讲述的标题创作思路和技巧。

因此，可以考虑以下面列出来的 15 个模板为原型，修改其中的关键词，这样就能在短时间内创作出可用的标题，如果能够灵活地组合运用这些模板，当然能得到更好的结果。

模板 1：直击痛点型

例如，"女人太强势婚姻真的会不幸福吗？""特斯拉的制动是不是真的有问题？""儿童早熟父母应该如何自查自纠？"如图 56 所示。

图 56

模板 2：共情共鸣型

例如，"你的职场生涯是不是遇到了玻璃天花板？""不爱你的人一点都不在意这些细节？""你会对 10 年前的你说些什么？"

图 57

模板 3：年龄圈层型

例如，"80 后的回忆里能看的动画只有这几部吗？""90 后结婚率低是负责心更强了吗？""如果取消老师的寒暑假会怎样？"如图 57 所示。

模板 4：怀疑肯定型

例如，"为什么赢得世青杯的是他？""北京的房价是不是跌到要出手的阶段了？""码农的青春不会只配穿格子衫吧？"如图 58 所示。

图 58

模板 5：快速实现型

例如，仅需一键微信多占空间全部清空、泡脚时只需放这两种药材就能去除湿气、掌握这两种思路写作文案下笔如有神。

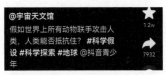

图 59

模板 6：假设成立型

例如，"如果生命只剩 3 天你最想做的事是什么？""如果猫咪能说话你能说过它吗？"如图 59 和图 60 所示。

模板 7：时间延续型

例如，这是我流浪西藏的第 200 天、这顿饭是我减肥以来吃下的第 86 顿、这是我第 55 次唱起这首歌。

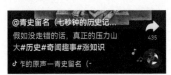

图 60

模板 8：必备技能型

例如，看懂《易经》你必须知道的 8 个基础知识、玩转带混麻将你最好会这 5 个技巧、校招季面试一定要知道的必过心法。

模板 9：解决问题型

图 61

例如，解决面部油腻看这个视频就会了、不到 1 米 6 如何穿出大长腿效果、厨房油烟排不出去的 3 个解决方法，如图 61 所示。

模板 10：自我检测型

例如，这 10 个问题能回答上来都是人中龙凤、会这 5 个技巧你就是车行老司机、智商过百都不一定能解对这个谜题。

模板 11：独家揭秘型

例如，亲测好用的快速入睡方法、我家三世大厨的秘制酱料配方、很老但很有用的偏方。

模板 12：征求答案型

例如，"你能接受的彩礼钱是多少？" "年入 30 万应该买个什么车？" "留学的性价比现在还高吗？" 如图 62 所示。

图 62

模板 13：绝对肯定型

图 63

例如，"这个治疗鼻炎的小偏方特别管用" "如果再让你选择一次职业" "一定不要忘记看看过来人的经验" "这个小玩具不大，但真的减压"，如图 63 所示。

模板 14：羊群效应型

例如，大部分油性皮肤的人都这样管理肤质、30 岁以下创业者大部分都上过这个财务课程。

模板 15：罗列数字型

图 64

例如，中国 99 个 4A 级景区汇总、这道小学数学题 99.9% 的人解题思路是错的，如图 64 所示。

获取优秀视频文案的两种方法

在手机端提取优秀文案的方法

如果希望快速获得大量的短视频文案，再统一进行研究，建议使用"轻抖"小程序的"文案提取"功能。具体操作方法如下。

1. 进入抖音，点击目标短视频右下角的 ➦ 图标。

2. 在打开的界面中点击"复制链接"按钮。

3. 进入微信，搜索并进入"轻抖"小程序，并点击"文案提取"选项。

4. 将复制的链接粘贴至地址栏，点击"一键提取文案"按钮即可。

在计算机端获取两万条文案的技巧

目前在计算机端还没有专门通过链接提取视频文案的工具，但却有一个能够一次性获得海量文案的方法，具体操作步骤如下。

1. 进入巨量创意网站 https://cc.oceanengine.com/，点击"工具箱"标签如图65所示，再点击"脚本工具"。

图65

2. 在"脚本工具"页面中，通过选择或搜索不同的领域、关键词，即可找到大量可供借鉴学习的脚本，如图66所示。

图66

截至2021年12月23日，在这个页面上总共可以搜索到共225240条脚本文案，相信一定能够满足绝大部分创作者的需求。

同质文案误区

虽然使用前面所讲述的方法可以快速采集对标账号视频的文案，但绝对不可以直接照搬照套这些文案，否则不仅不利于树立账号的形象与人设，而且很容易被抖音的大数据算法捕获。

抖音安全中心在 2022 年 1 月上线了"粉丝抹除""同质化内容黑库"两项功能，如图 67 所示。

当检查到如图 68、图 69、图 70 所示的同质化（抄袭）文案视频时，平台将通过这两项功能从账号上自动减除此视频吸引的粉丝，并对账号进行降权处理。

所以，如果感觉一个文案还不错，要对文案加以编辑润饰，最好在理解该文案后，利用自身的特色进行创新。

图 67

图 68

图 69

图 70

短视频音乐的两大类型

抖音短视频之所以让人着迷，一是因为内容新颖别致，二是由于有些短视频有非常好听的背景音乐，有些短视频有奇趣搞笑的音效铺垫。

想要理解音乐对于抖音的重要作用，一个简单的测试方式就是，看抖音时把手机调成静音模式，相信那些平时让你会心一笑的视频，瞬间会变得索然无味。

因此，提升音乐素养是每一个内容创作者的必修课。

抖音短视频的音乐可以分为两类，一类是背景音乐，一类是音效。

背景音乐又称伴乐、配乐，是指视频中用于调节气氛的一种音乐，能够增强情感的表达，达到让观众身临其境的目的。原本普通平淡的视频素材，如果配上恰当的背景音乐，充分利用音乐中的情绪感染力，就能让视频给人不一样的感觉。

例如，火爆的张同学的视频风格粗犷简朴，但仍充满对生活的热爱。这一特点与其使用带有男性奔放气质的背景音乐 Aloha Heja He 契合度就很高。

使用剪映制作短视频时，可以直接选择各类背景音乐，如图 71 所示。

图 71

音效是指利用声音制造的效果，用于增强画面真实感、气氛或戏剧性效果，比如常见的快门声音、敲击声音，以及综艺节目中常用的爆笑声音等，都是常用的音效。

使用剪映制作短视频时，可以直接选择各类音效，如图 72 所示。

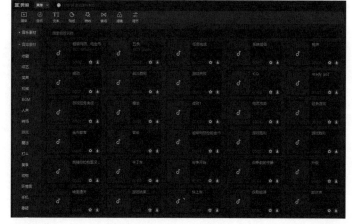

图 72

让背景音乐匹配视频的 4 个关键点

情绪匹配

如果视频的主题是气氛轻松愉快的朋友聚会，背景音乐显然不应该是比较悲伤或太过激昂的音乐，而应该是轻松愉快的钢琴曲或流行音乐，如图 73 所示。在情绪的匹配方面，大部分创作者其实都不会出现明显的失误。

这里的误区在于有些音乐具有多重情绪属性，至于会激发听众哪一种情绪，取决于听众当时的心情。所以对于这类音乐，如果没有较大的把握，应该避免使用，多使用那种情绪倾向非常明确的背景音乐。

图 73

节奏匹配

所有音乐都有非常明显的节奏和旋律，在为视频匹配音乐时，最好通过选择或后期剪辑技术，使音乐的节奏与视频画面的运镜或镜头切换节奏相匹配。

节奏匹配最典型的应用就是抖音上火爆的卡点短视频，所有火爆的卡点短视频，都能够使视频画面完美匹配音乐节奏，随着音乐变化切换视频画面，图 74 所示为可以直接使用的剪映卡点视频模板。

高潮匹配

几乎每首音乐旋律都有高潮，在选择背景音乐时，如果音乐时长远超视频时长，那么如果从头播放音乐，还没有播放到最好听的音乐高潮部分，视频就结束了。这样显然起不到用背景音乐为视频增光添彩的作用，所以在这种情况下要对音乐进行截取，以使音乐最精华的高潮部分与视频的转折部分相匹配。

图 74

风格匹配

简单来说，就是背景音乐的风格要匹配视频的时代感。例如，一条无论是场景还是出镜人物都非常时尚的短视频，显然不应该使用古风背景音乐。

古风类视频与古风背景音乐显然更加协调，如图 75 所示。

图 75

为视频配音的 4 个方法

以电影解说为代表的许多视频都需要专业的配音解说，这一工作可以由专业的配音员完成，也可以由专业的计算机 AI 技术软件完成，尤其是后者有价格实惠、音色多变、质量高的优点，下面讲解包括自己录制配音在内的常用配音方法。

用剪映"录音"功能配音

通过剪映的"录音"功能，可以通过录制人声为视频进行配音，具体方法如下：

1. 如果在前期录制视频时录下了一些杂音，那么在配音之前，需要先将原视频的声音关闭，否则会影响配音效果。

选中待配音的视频后，点击界面下方"音量"选项，并将其调整为 0，如图 76 所示。

2. 点击界面下方的"音频"选项，并选择"录音"功能，如图 77 所示。

图 76

图 77

3. 按住界面下方的红色按钮，即可开始录音，如图 78 所示。

4. "松开"红色按钮，即完成录音，其音轨如图 79 所示。

图 78

图 79

用剪映实现 AI 配音

许多人刷抖音上的教学类、搞笑类、影视解说类视频时，总能听到熟悉的女声或男声，这些声音其实就是通过前面所讲述的 AI 配音功能获得的。下面讲解如何使用剪映获得此类配音。

1. 选中已经添加好的文本轨道，点击界面下方的"文本朗读"选项，如图 80 所示。

2. 在弹出的选项列表中，即可选择喜欢的音色，如选择"小姐姐"音色，如图 81 所示。简单两步，视频就会自动出现所选文本的语音。

3. 利用同样的方法，即可使其他文本轨道自动生成语音。

4. 此时会出现一个问题，相互重叠的文本轨道导出的语音也会互相重叠。此时切记不要调节文本轨道，而是要点击界面下方的"音频"选项，可以看到已经导出的各条语音轨道，如图 82 所示。

图 80

图 81

图 82

5. 只需让语音轨道彼此错开，不要重叠，就可以解决语音相互重叠的问题，如图 83 所示。

6. 如果希望实现视频中没有文字，但依然有"小姐姐"音色的语音，可以在生成语音后，将相应的文本轨道删掉，或者在生成语音后，选中文本轨道，点击"样式"选项，并将"透明度"值设置为 0 即可，如图 84 所示。

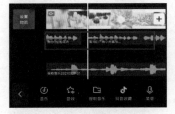

图 83

图 84

使用 AI 配音网站配音

进入讯飞配音、牛片网、百度语音开放平台等网站，也可以实现根据输入的文本内容，生成 AI 语音的功能，具体方法如下。

1. 下面以牛片网为例讲解具体操作，进入牛片网网站 https://www.6pian.cn/，单击"在线配音"菜单，如图 85 所示。

图 85

2. 设置所需配音的类型，如图 86 所示。此处设置得越详细，就越容易找到满足需求的语音。

图 86

3. 将鼠标指针悬停在某种配音效果上，单击▶图标即可进行试听。若要选择该配音，单击"做同款"按钮即可，如图 87 所示。

4. 在"配音文案"文本框中输入相应内容后，可调整语速。

图 87

需要注意的是，语速增加过多可能导致声音出现变化，所以务必单击界面下方的▶图标进行试听。确认无误后，再单击"提交配音"按钮，如图 88 所示。

5. 配音完毕后，下载"干音 -MP3"即可得到配音音频文件。

6. 打开计算机端专业版剪映，依次单击"音频""音频提取""导入"选项，将刚下载的 MP3 文件导入即可。

图 88

使用 AI 配音程序配音

还有一些软件或小程序也可以实现配音的目的，下面介绍 3 款。

AI 配音专家软件

这款软件支持 Windows 和 Mac 双系统，目前包含 40 多种配音效果，如图 89 所示，同时还内置了数十款背景音，可以让用户有更多的选择。

各位可前往脚本之家网站，搜索"AI 配音专家"进行下载。

图 89

智能识别软件

该款软件仅支持 Windows 系统，无须安装，解压后即可使用。

其中有小部分配音是免费的，其余则需付费使用。该软件包含 100 多种发音，如图 90 所示。

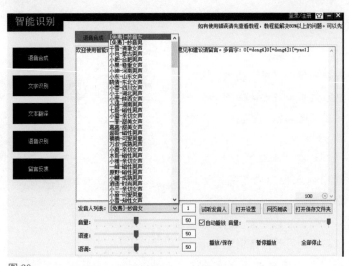

图 90

配音神器 pro 小程序

在微信中搜索配音神器 pro 小程序。进入小程序后点击"制作配音"按钮，即可输入文本并选择近百种语音，如图 91 所示。

图 91

用抖音话题增加曝光率

什么是话题

在抖音视频标题中，#符号后面的文字称为话题，其作用是便于抖音归类视频，并且便于观众在点击话题后，快速浏览同类话题视频。比如，图 92 所示的标题中含有健身话题。

所以，话题的核心作用是分类。

图 92

为什么要添加话题

添加话题有两个好处。

1. 便于抖音精准推送视频。由于话题是比较重要的关键词，因此抖音会依据视频标题中的话题，将其推送给浏览过此类话题的人群。

2. 便于获得搜索浏览。当观众在抖音中搜索某一个话题时，添加此话题的视频均会显示在视频列表中，如图 93 所示。如果在这个话题下自己的视频较为优质，就会出现在排名较靠前的位置，从而获得曝光机会。

图 93

如何添加话题

在手机端与计算机端均可添加话题。两者的区别是，在计算机端添加话题时，系统推荐的话题更多，信息更全面，这与手机屏幕较小、显示太多信息会干扰发布视频的操作有一定关系。下面以计算机端为主讲解发布视频添加话题的相关操作。

在计算机端抖音创作服务平台上传一条视频后，抖音会根据视频中的字幕与声音自动推荐若干个标题，如图 94 所示。

图 94

由于推荐的话题大多数情况下不够精准，所以可以输入视频的关键词，以查看更多推荐话题，如图 95 所示。

图 95

创作者可以在标题中添加多个话题，但要注意每个话题均会占用标题文字数量。图 96 所示的几个话题占用了 58 个字符。

话题选择技巧

在添加话题时，不建议选择播放量已经十分巨大的话题。除非对自己的视频质量有十足的信心。

图 96

播放量巨大的话题，意味着与此相关的视频数量极为庞大，即使有观众通过搜索找到了此话题，看到自己视频的概率也比较小。因此，不如选择播放量级还在数十万或数万的话题，以增加曝光概率。

例如，"静物摄影"的播放量已达 1.3 亿，因此不如选择"静物拍摄"话题，如图 97 所示。

图 97

话题创建技巧

虽然抖音上的内容已经极其丰富，但仍然存在大量空白话题，因此可以创建与自己视频内容相关的话题。

例如，笔者创建了一个"相机视频说明书"话题，并在每次发布相关视频时，都添加此话题，经过半个月的运营，话题播放量达到了近 140 万，如图 98 所示。

同理，还可以通过地域＋行业的形式创建话题，并通过不断发布视频，使话题成为当地用户的一个搜索入口，如图 99 所示。

图 98

图 99

制作视频封面的 5 个关键点

充分认识封面的作用

如前所述，一个典型粉丝的关注路径是，看到视频→点击头像打开主页→查看账号简介→查看视频列表→关注账号。

在这个操作路径中，主页装修质量在很大程度上决定了粉丝是否要关注此账号，因此每一个创作者都必须格外注意自己视频的封面在主页上的呈现效果。

整洁美观是最低要求，如图 100 所示，如果能够给人个性化的独特感受则更是加分项。

抖音封面的尺寸

如果视频是横画幅的，则对应的封面尺寸最好是 1920×1080 像素的。如果是竖画幅的，则封面应该是 1080×1920 像素的。

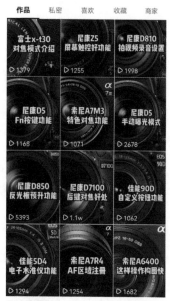

图 100

封面的动静类型

动态封面

如果在手机端发布短视频，点击"编辑封面"选项后，可以在视频现有画面中进行选择，如图 101 所示，生成动态封面。

这种封面会使主页显得非常零乱，不推荐使用。

静止封面

如果通过计算机端的抖音创作服务平台上传视频，则可以通过上传封面的方法制作出风格独特或有个人头像的封面，这样的封面有利于塑造个人 IP 形象，如图 102 所示。

图 101

封面的文字标题

在上面的示例中，封面均有整齐的文字标题，但实际上，并不是所有的抖音短视频都需要在封面上设计标题。对于一些记录生活搞笑片段内容的账号，或者以直播为主的抖音账号，如罗永浩，其主页的视频大多数都没有文字标题。

如何制作个性封面

有设计能力的创作者，除了使用 Photoshop，还可以考虑使用类似稿定设计（https://www.gaoding.com/）、创客贴（https://www.chuangkit.com/）、包图网（https://ibaotu.com/）等可提供设计源文件的网站，通过修改设计源文件制作出个性封面。

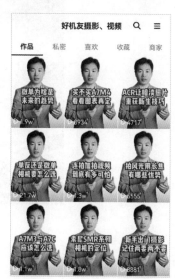

图 102

第 7 章

掌握实用运营技巧 快速涨粉

抖音考查视频互动率的底层逻辑

视频互动率是指一条视频的完播率，以及评论、点赞和转发量。这些数据反映了观众对视频的喜好程度，以及与视频创作者的互动频次。

最直观的体现就是视频播放界面显示出来的各项数字，如图 1 所示。

很显然，像这样点赞量达到 223.5 万的视频，一定是播放量达到数千万的爆款视频，而新手发布的视频，各项数据基本上都在 200 ~ 500。

所以，通过分析视频互动数据，各条视频的质量高下立现。

图 1

用 4 个方法提升视频完播率

认识视频完播率

如果希望一条视频获得更多的流量，必须关注完播率数据指标。那么，什么是完播率呢？

如果直接说"某条视频的完播率"，就是指"看完"这条视频的人占所有"看到"这条视频的人的比值。

但随着短视频运营的精细化，关注不同时间点的完播率其实更为重要，如"5 秒完播率""10 秒完播率"等。

将一条视频所有时间点的完播率汇总起来后，就会形成一条曲线，即"完播率曲线"。点击曲线上的不同位置，就可以显示当前时间点的完播率，即"看到该时间点的观众占所有观众的百分比"，如图 2 所示。比如一条视频，到了 30 秒还有 90% 的人在看，30 秒的完播率就是 90%；到了 60 秒还有 40% 的人在看，那么 60 秒的完播率就是 40%。

如果该视频的"完播率曲线（你的作品）"整体处于"同时长热门作品"的完播率曲线（蓝色）上方，则证明这条视频比大多数热门视频都更受欢迎，自然也会获得更多的流量倾斜。相反，如果该曲线处于蓝色曲线下方，则证明完播率较低，需要找到完播率大幅降低的时间点，并对内容进行改良，争取留住观众，整体提升完播率曲线。

下面介绍 4 种提高视频完播率的方法。

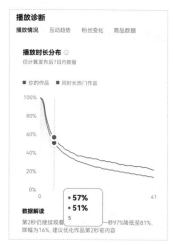

图 2

缩短视频

对抖音而言，视频时间长短并不是判断视频是否优质的指标，长视频也可能是"注了水"的，而短视频也可能是满满的"干货"，所以视频时间长短对平台来说没有意义，完播率对平台来说才是比较重要的判断依据。

在创作视频时，10 秒钟能够讲清楚的事情，能够表现清楚的情节，绝对不要拖成 12 秒，哪怕多一秒钟，完播率数据也可能会下降 1%。

因果倒置

所谓因果倒置，其实就是倒叙，这种表述方法无论是在短视频中还是在电影中都十分常见。

图 3

例如，很多电影刚开始就是一个气氛非常紧张的情节，比如某个人被袭击，然后采取字幕的方式将时间向回调几年或某一段时间，再从头开始讲述这件事情的来龙去脉。

在创作短视频时，其实同样可以使用这种方法。短视频刚开始时首先抛出结果，比如图 3 所示的"一条视频卖出快 200万元的货，抖音电商太强大了"。把这个结果（或效果）表述清楚以后，充分调动粉丝的好奇心，然后再从头讲述。

将标题写满

很多粉丝在观看视频时，并不会只关注画面，也会阅读这条视频的标题，从而了解这条视频究竟讲了哪些内容。

标题越短，粉丝阅读标题时所花费的时间就越少；反之，标题字数过多，就会让粉丝花费更多的时间。此时，如果所制作的视频本身只有几秒钟时间，那么当粉丝阅读完标题后，可能这条视频就已经播完了。由此可见，采用这种方法也能够大幅度提高完播率，如图 4 所示。

图 4

表现新颖

无论是现在正在听的故事还是正在看的电影，里面发生的事情可能在其他的故事或电影中已经听过或看过了。

那么为什么人们还会去听、去看呢？就是因为他们的画面风格是新颖的。

在创作一条短视频时，一定要思考是否能够运用更新鲜的表现手法或画面创意来提高视频完播率。

比如，图 5 所示即为通过一种新奇的方式来自拍，自然会吸引观众观看。

图 5

用7个技巧提升视频评论率

用观点引发讨论

这种方法是指在视频中提出观点,引导观众进行评论。比如,可以在视频中这样说:"关于某某某问题,我的看法是这样子的,不知道大家有没有什么别的看法,欢迎在评论区与我进行互动交流。"

在这里,要衡量自己带出的观点或自己准备的那些评论是否能够引起观众讨论。比如,在摄影行业,大家经常会争论摄影前期和后期哪个更重要,那么以此为主题做一期视频,必定会有很多观众进行评论。又比如,佳能相机是否就比尼康相机好,索尼的视频拍摄功能是否就比佳能强大?去亲戚家拜访能否空着手?女方是否应该收彩礼钱?结婚是不是一定要先有房子?中国与美国的基础教育谁更强?这些问题首先是关注度很高,其次本身也没有什么特别标准的答案,因此能够引起大家的广泛讨论。

利用"神评论"引发讨论

首先自己准备几条"神评论",当视频发布一段时间后,利用自己的小号发布这些"神评论",引导其他观众在这些评论下进行跟帖交流。如图6所示的评论获得了10.3万个点赞,如图7所示的评论获得了58.4万个点赞。

图6

图7

在评论区开玩笑

在评论区开玩笑是指可以在评论区通过故意说错或算错,引发观众在评论区追评。

例如图8和图9所示的评论区,创作者发表$100×500=50$万的评论,引发了大量追评。

图8

图9

卖个破绽诱发讨论

另外，创作者也可以在视频中故意留下一些破绽。比如，故意拿错什么、故意说错什么或故意做错什么，从而留下一些能够让观众吐槽的点。

因为绝大部分粉丝都以能够为视频纠错而感到自豪，这是证明他们能力的一个好机会。当然，这些破绽不能影响视频主体的质量，包括 IP 人设。

比如图 10 所示的视频，由于透视问题引起了很多观众的讨论。

如图 11 所示的视频，主播故意将"直播间"说成了"直间播"，引发观众在评论区讨论。

图 10

图 11

在视频里引导评论分享

在视频里引导评论分享是指在视频里通过语言或文字引导观众将视频分享给自己的好友观看。

如图 12 和图 13 所示为一个美容灯的视频评论区，可以看到大量粉丝@自己的好友。

而这条视频也因此获得了高达 4782 条的评论、19 万个点赞与 4386 次转发，数据可谓爆表。

图 12

图 13

在评论区发"暗号"

在评论区发"暗号"是指在视频里通过语言或文字引导粉丝在评论区留下"暗号"。例如图14所示的视频要求粉丝在评论区留下软件名称"暗号";如图15所示为粉丝在评论区发的"暗号"。

使用此方法不仅获得了大量评论,而且还收集了后续可进行针对性精准营销相关课程的用户信息,可谓一举两得。

图14

图15

在评论区刷屏

创作者也可以在评论区内发布多条评论,如图16所示。

这种方法有3个好处。

首先,自己发布多条评论后,在视频浏览页面评论数就不再是0,具有吸引粉丝点击评论区的作用。

其次,发布评论时要针对不同的人群进行撰写,以覆盖更广泛的人群。

最后,可以在评论区写下在视频中不方便表达的销售或联系信息,如图17所示。

图16

图17

利用疯传 5 大原则提升转发率

什么是视频流量的发动机

任何一个平台的任何自媒体内容，要获得巨量传播，观众的转发可以说是非常重要的助推因素，是内容流量的发动机。

例如，对于以文章为主要载体的公众号来说，阅读者是否会将文章转发到朋友圈，可以决定这个公众号的文章是否能获得"10 万 +"的点赞量，以及涨粉速度是否快。

对于以视频为载体的抖音平台来说，观众是否在视频评论区 @ 好友来观看，以及是否下载这条视频转发给朋友，决定了视频能否获得更多流量，以及能否被更多人看见。

所以，单纯地从传播数据来看，自媒体内容优化标题、内容、封面的根本出发点之一就是获得更高的转发率。

什么决定了转发率

为什么有些视频的转发率很高，有些视频则没有几个人转发？这个问题的答案是，媒体内容本身造成了转发率有天壤之别。

无论出于什么样的目的，被转发的永远是内容本身，所以每一个媒体创作者在构思内容、创作脚本时，无论是以短视频为载体，还是以文字为载体，都要先问自己一个问题："如果我是读者（观众），是否会把这条视频（这篇文章）转发到我的朋友圈，推荐给我的同事或亲朋好友呢？"

只有在得到肯定的答案后，才值得花更多的时间去进行深度创作。

大众更愿意转发什么样的内容

除了抒发自己的所思所想，每一个创作者创作内容都是发给大家看的，因此，必须考虑这些人是否会转发自己的内容，以及创作什么样的内容别人才更愿意转发。

关于这个问题的答案，在不同的时代及社会背景下可能有所不同。但也有一些共同原则，沃顿商学院的教授乔纳·伯杰在他的图书《疯传》中列举这些原则，依据这些原则来创作内容，大概率能获得更高的传播率。

让内容成为社交货币

如果将朋友圈当成社交货币交易市场，那么每个人分享的事、图片、文章、评论都会成为衡量这个社交货币价值的重要参数。朋友们能够通过这个参数，对这个人的教养、才识、财富、阶层进行评估，继而得出彼此之间的一种对比关系。

这也是为什么社会上有各种组团 AA 制，在各大酒店拍照、拍视频的"名媛"。

又例如，当你分享的视频内容是"看看那些被塑料袋缠绕而变得畸形的海龟、被锁住喉咙的海鸟，这都是人类一手造成的。从我做起，不用塑料袋。"大家就会认为你富有爱心，有环保意识。

当你不断分享豪车、名包时，大家在认为你有钱的同时，也会认为你的格调不高。

所以，当粉丝看到我们创作的内容并判断在分享了这些内容后，能让别人觉得自己更优秀、与众不同，那么这类选题就是值得挖掘的。

让内容有情绪

有感染力的内容经常能够激发人们的即时情绪，这样的内容不仅会被大范围谈论，更会被大范围传播，所以需要通过一些情绪事件来激发人们分享的欲望。

研究表明，如果短视频能引发人们5种强烈的情绪：惊奇、兴奋、幽默、愤怒、焦虑，都比较容易被转发。

其中比较明显的是幽默情绪，在任何短视频平台，能让人会心一笑的幽默短视频，比其他类型的短视频至少高35%的转发率。

所以，在所有短视频平台，除了政府大号，幽默搞笑垂直细分类型的账号粉丝量最高。

但是需要注意的是，这类账号的变现能力并不强。

让内容有正能量

国内所有短视频平台对视频的引导方向都是正向的，例如，抖音的宣传口号就是"记录美好生活"，所以正能量内容的视频更容易获得平台的支持与粉丝的认可。

例如，2021年大量有关于鸿星尔克的短视频，轻松就能获得几十万甚至过百万的点赞与海量转发，如图18所示，就是因为这样的视频是积极的、带有正能量的。

图 18

让内容有实用价值

"这样教育出来的孩子，长大了也会成为巨婴。""如果重度失眠，不妨听听这三首歌，相信你很快就会入睡。"看到这样的短视频内容，是不是也想马上转给身边的朋友？要想提高转发率，一个常用的方法就是视频中要有干货。

让内容有普世价值

普世价值泛指那些不分地域，超越宗教、国家、民族，任何有良知与理性的人，都认同的理念。例如，爱、奉献、不能恃强凌弱等。

招商银行曾经发布一条标题为"世界再大，大不过一盘番茄炒蛋"的视频，获得过亿播放与评审团大奖，如图19所示，就是因为这条视频有普世价值。视频的内容是一位留学生初到美国，参加一个聚会，每个人都要做一道菜。他选择了最简单的番茄炒蛋，但还是搞不定。于是，他向远在中国的父母求助。父母拍了做番茄炒蛋的视频指导他，因此下午的聚会很成功。他突然意识到，现在是中国的凌晨，父母是为了自己，深夜起床，进厨房做菜的。

很多人都被这条视频打动，留言区一片哭泣的表情符号。

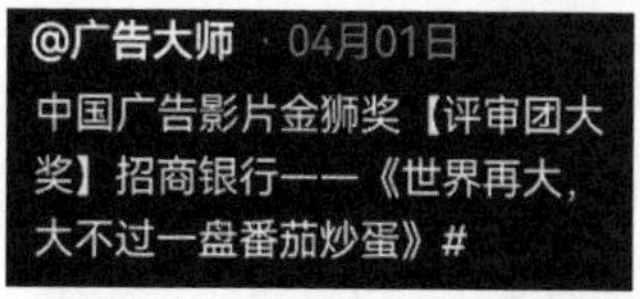

@广告大师 · 04月01日
中国广告影片金狮奖【评审团大奖】招商银行——《世界再大，大不过一盘番茄炒蛋》#

图 19

发布视频的 4 大技巧

发布视频时位置的添加技巧

发布视频时选择添加位置有两点好处。

第一，如果创作者有实体店，可以通过视频为线下的实体店引流，增加同城频道的曝光机会。

第二，通过将位置定位到粉丝较多的地域，可以提高粉丝观看到该视频的概率。例如，通过后台分析发现自己的粉丝多是广东省的，在发布视频时，可以定位到广东省某一个城市的某一个商业热点区域。

在手机端发布视频，可以在"你在哪里"选项内直接输入需要定位的位置。

在计算机后台发布视频，可以在"添加标签"下选择"位置"选项，并且输入希望定位的新位置，如图 20 所示。

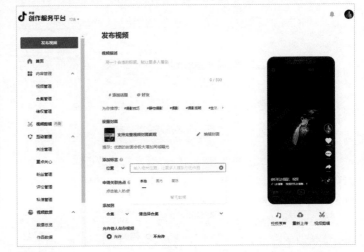

图 20

是否开启保存选项

如果没有特别的原因，不建议关闭"允许他人保存视频"选项，因为下载数量也是视频是否优质的一个重要考量数据。计算机端设置如图 21 所示。

图 21

需要注意的是，在手机端发布视频时没有此选项，需要在完成发布后选择视频，点击右下角的"权限设置"选项，然后选择"高级设置"选项，如图 22 所示。

再关闭"允许下载"选项，如图 23 所示。

图 22

图 23

同步发布视频的技巧

如果已经开通了今日头条与西瓜视频账号，可以在抖音发布视频时同步到这两个平台上，从而使一条视频能够获得更多的流量。

尤其值得一提的是，如果发布的是横画幅的视频，而且时长超过了一分钟，那么在发布视频时，如果同步到了这两个平台，还可以获得额外的流量收益。

在手机端发布视频，可以在"高级设置"选项中开启"同步至今日头条和西瓜视频"选项，如图24所示。

在计算机后台发布视频，可以开启"同步到其他平台"选项，如图25所示。

图 24

图 25

定时发布视频的技巧

如果运营的账号有每天发布视频的要求，而且有大量可供使用的视频，建议使用计算机端的定时发布视频功能，如图26所示。

发布视频的时间可以设定为2小时后至7天内。

需要注意的是，手机端不支持定时发布。

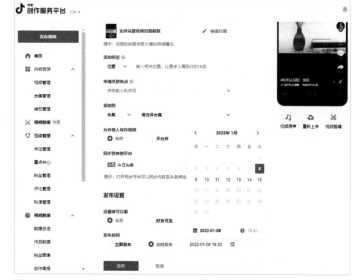

图 26

找到发布视频的最佳时间

相信各位读者已发现了，同一类视频，质量也差不多，在不同的时间发布，其播放、点赞、评论等数据均会有很大的差异。这也从侧面证明了，发布时间对于一条视频的流量是有较大影响的。那么，何时发布视频才能获得更高的流量呢？下面将从周发布时间和日发布时间两方面进行分析。

从每周发布视频的时间进行分析

如果可以保证稳定的视频输出的话，当然最好从周一到周日每天都能发布一条甚至两条视频。但作为个人短视频制作者，这样的视频制作量是很难实现的，因此就需要在一周的时间中有所取舍，在一周中流量较低的那一天就可以选择不发或少发视频。

笔者研究了一下粉丝数量在百万以上的抖音号，其在一周中发布视频的规律，总结出以下 3 点经验。

- 周一发布视频频率较低。究其原因，是周一大多数人会开始准备一周的新工作，经过周末的放松后，对娱乐消遣的需求降低。这也是许多公园、博物馆在周一闭馆的原因。
- 周六、周日发布视频频率较高。这是由于大多数人在周末有更多的时间消遣，抖音打开率较高。
- 周三也适合发布视频。经过对大量抖音号发布的频率进行整理后，笔者意外发现很多大号也喜欢在周三发布视频。这可能是因为周三作为工作日的中间点，很多人会觉得过了周三，离休息日就不远了，导致流量也会升高。

但需要特别指出的是，这一规律只适合大部分粉丝定位于上班族的账号。如果账号定位是退休人员、全职宝妈、务农人员，则需要按本章后面讲解的视频分析方法，具体分析自己在哪一天发布视频会得到更多的播放量。

从每天发布视频的时间进行分析

相比每周发布视频的时间，每天发布视频的时间其实更为重要。因为在一天的不同时段，用手机刷视频的人数有很大区别。经过笔者对大量头部账号每天发布视频的时间进行分析，总结了以下几点经验。

- 发布视频的时间主要集中在 17 点—19 点，大多数头部抖音账号都集中在 17 点—19 点这一时间段发布视频。其原因在于抖音中的大部分用户都是上班族。而上班族每天最放松的时间就是下班后坐在地铁上或公交车上的时间。此时很多人都会刷一刷抖音上那些有趣的短视频，缓解一天的疲劳。
- 11 点—13 点也是不错的发布视频的时间。首先强调一点，抖音上大部分创作者都在 17 点—19 点发布视频，所以相对来说，其他时间段的视频发布量都比较少。但中午 11 点—13 点这个时间段也算是一个小高峰，会有一些创作者选择在这个时间段发布视频。这个时间段同样是上班族休息的时间，可能有一部分人利用碎片时间刷一刷短视频。
- 20 点—22 点更适合教育类、情感类、美食类账号发布视频。17 点—19 点虽然看视频的人多，但大多数都是为了休闲放松一下。而当吃过晚饭后，一些上班族为了提升自己，就会看一些教育类的内容，而且家中的环境也比较安静，更适合学习。而晚上也是很好的个人情绪整理时间，因此情感类账号的创作者在此时间段发布视频非常适合。至于美食类账号创作者，则特别适合在 22 点左右发布视频，因为这是传统的宵夜时间。

用合集功能提升播放量

　　创作者可以将内容相关的视频做成合集，这样无论用户从哪一条视频进来，都会在视频的下方看到合集的名称，从而进一步点开合集后查看合集内的所有视频，如图27和图28所示。

　　这就意味着，每发一期新的视频都有可能带动合集中所有视频的播放量。

　　要创建合集，必须在计算机端进行操作，可以用下面介绍的两种方法去实现。

手动创建合集

　　在计算机端创作服务平台的管理后台，点击左侧"内容管理"中的"合集管理"选项，进入合集管理页面，点击右上角的红色"创建合集"按钮。

　　根据提示输入合集的名称及介绍，并且将视频加入合集后即可完成，如图29所示。

自动创建合集

　　根据视频的标题，抖音会自动生成不同视频的合集，如图30所示。

　　点击进入这些合集后，可以按照提示为合集命名，并修改合集的封面。

　　所以，如果要按这种方法创建合集，一定要注意在发布视频时标题要有规律。

图 27

图 28

图 29

图 30

利用重复发布引爆账号的技巧

这里的重复发布不是指发布完全相同的视频，而是指使用相同的脚本或拍摄思路，每天重复拍摄、大量发布。

例如，账号"牛丸安口"的创作者每天发布的视频只有两种，一种是边吃边介绍，另一种是边做边介绍，然后通过视频进行带货销售，如图 31 所示。

这样的操作模式看起来比较机械、简单，也没有使用特别的运营技巧，但创作者硬是以这样的方式发布了 15000 多条视频，创造了销售 121 万件的好成绩，如图 32 所示。

图 31

图 32

图 33 所示的是另一个账号"@ 蓝 BOX 蹦床运动公园"，其创作者使用的拍摄手法也属于简单重复的类型，甚至视频都没有封面与标题，但也获得了 133 万粉丝，并成功地将这个运动公园推到了好评榜第 5 名的位置，如图 34 所示。

通过这两个案例可以看出，对部分创作者来说，经过验证的脚本与拍摄手法，是可以无限次使用的。

图 33

图 34

理解抖音的消重机制

什么是抖音的消重机制

抖音的消重机制是指当创作者发布视频后，抖音通过一定的数据算法，判断这条视频与平台现有的视频是否存在重复。

如果这条视频与平台中已经存在的某条视频重复比例或相似度非常高，就容易被判定为搬运，这样的视频得到的推荐播放数量很低。

消重机制首先是为了保护视频创作者的原创积极性与版权，其次是为了维护整个抖音生态的健康度。如果用户不断刷到内容重复的视频，对这个平台的认可度就会大大降低。

抖音消重有几个维度，包括视频的标题、画面、配音及文案。

其中，比较重要的是视频画面比对。即通过对比一定比例的两个或多个视频画面，来判断这些视频是否是重复的，视频消重涉及非常复杂的算法，不在本书的讨论范围之内，有兴趣的读者可以搜索视频消重相关文章介绍。

如果一条视频被判定为搬运，那么就会显示如图 35 所示的审核意见。

需要特别注意的是，由于算法是由计算机完成的，因此有一定的误判概率，所以如果创作者确定视频为原创，可以进行申诉，方法可以参考下面的章节。

图 35

应对抖音消重的两个实用技巧

网络上有大量视频消重处理软件，可以通过镜像视频、增加画面边框、更换背景音乐、叠加字幕、抽帧、改变视频码率、增加片头片尾、改变配音音色、缩放视频画面、改变视频画幅比例等技术手段，应对抖音的消重算法。

如果不是运营着大量的矩阵账号或通过搬运视频赚快钱，那么还是建议以原创视频为主。

但对新手来说，可能需要大量视频试错，培养抖音的运营经验。

所以，笔者提供两个能够应对抖音消重机制的视频制作思路。

第一，在录制视频时采用多机位录制。比如，用手机拍摄正面，用相机拍摄侧面。这样一次就可以得到两条画面完全不同的视频。注意：在录制时要使用 1 拖 2 无线麦克风。

第二，绝大多数人在录制视频时，不可能一次成功，基本上都要反复录制多次，所以可以通过后期，将多次录制的素材视频混剪成为不同的视频。

掌握抖音官方后台视频数据的分析方法

对于自己账号的情况，通过抖音官方计算机端后台即可查看详细数据，从而对目前视频的内容、宣传效果及目标受众具有一定的了解。同时，还可以对账号进行管理，并通过官方课程提高运营水平。下面首先介绍如何登录抖音官方后台。

1. 在百度中搜索"抖音"，点击带有"官方"标志的超链接即可进入抖音官网，如图 36 所示。

图 36

2. 点击抖音首页上方的"创作服务平台"选项。

3. 登录个人账号后，即可直接进入计算机端后台，如图 37 所示。默认打开的界面为后台首页，通过左侧的选项栏即可选择各个项目进行查看。

图 37

了解账号的昨日数据

在首页中的"数据总览"一栏，可以查看"昨日"的视频相关数据，包括播放总量、主页访问数、视频点赞数、新增粉丝数、视频评论数、视频分享数共六大数据。

通过这些数据，可以快速了解昨日所发布视频的质量。如果昨日没有新发布的视频，则可以了解已发布视频带来的持续播放与粉丝转化等情况。

从账号诊断找问题

在左侧的功能栏中点击"数据总览"选项，可以显示如图38所示的界面。

从这里可以看到抖音官方给出的，基于创作者最近7天上传视频所得数据的分析诊断报告及提升建议。

由图38可以看出，对于笔者打开的这个账号，投稿数量虽然不算低，但互动与完播指数仍显不足。

所以，可根据抖音官方提出的建议"作品的开头和结尾的情节设计很关键，打造独特的'记忆点'，并且让观众多点赞、留言。另外，记得多在评论区和观众互动哦"来优化视频。

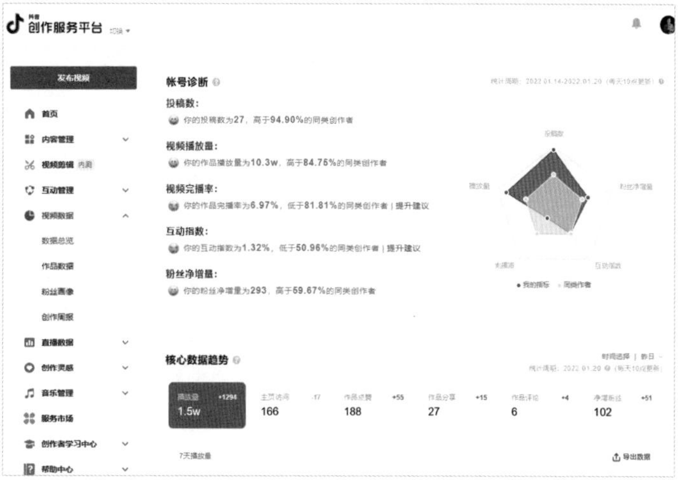

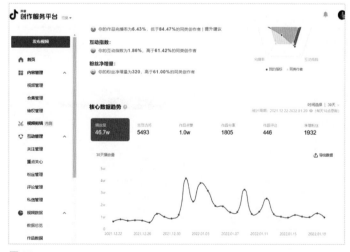

图38

分析播放数据

在"核心数据趋势"模块，可以7天、15天和30天为周期，查看账号的整体播放数据，如图39所示。

如果视频播放量曲线整体呈上升趋势，证明目前视频内容及形式符合部分观众的需求，保持这种状态即可。

如果视频播放量曲线整体呈下降趋势，则需要学习相似领域头部账号的内容制作方式，并在此基础上寻求自己的特点。

如果视频播放量平稳，没有突破，表明创作者需要寻找另外的视频表现形式。

图39

分析互动数据

在"核心数据趋势"模块，可以7天、15天和30天为周期，查看账号的"作品点赞""作品分享""作品评论"数据，如图40～图42所示，从而客观地了解观众对近期视频的评价。

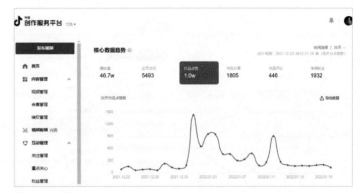

图 40

在这3个互动数据指标中，"作品分享"参考价值最高，"作品点赞"参考价值最低。

这是由于对粉丝来说，分享的参与度较高，能够被分享的视频通常是对粉丝有价值的。而点赞操作因为过于容易，所以从数值上来看，往往比其他两者高。

从数据来看，粉丝净增量与分享量相近，而与点赞数量相去较远。这也证明有价值的视频才更容易被分享，也更容易吸粉，所以本书中关于提升视频价值的内容值得每一位创作者深入研究。

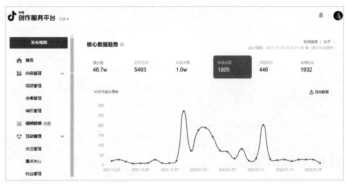

图 41

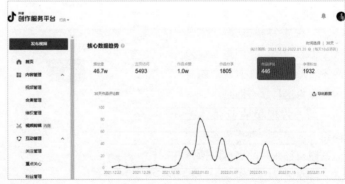

图 42

利用作品数据分析单一视频

如果说"数据总览"重在分析视频内容的整体趋势，那么"作品数据"就是用来对单一视频进行深度分析的。

在页面左侧点击"作品数据"选项，显示如图43所示的数据分析页面。

近期作品总结

在"作品总结"模块中，分别列出了近30天内，点赞、评论、完播与吸粉最高的4条视频，这有助于创作者分别从4个选题中总结不同的经验。

例如，对于点赞量最多的视频，是由于其画面唯美，因此获得较多的点赞。

完播率最高的视频是因为视频时长较短。

播放量最多的视频是因为选题与粉丝匹配度较高。

吸粉率最高的视频是因为讲解的是非常有用的干货。

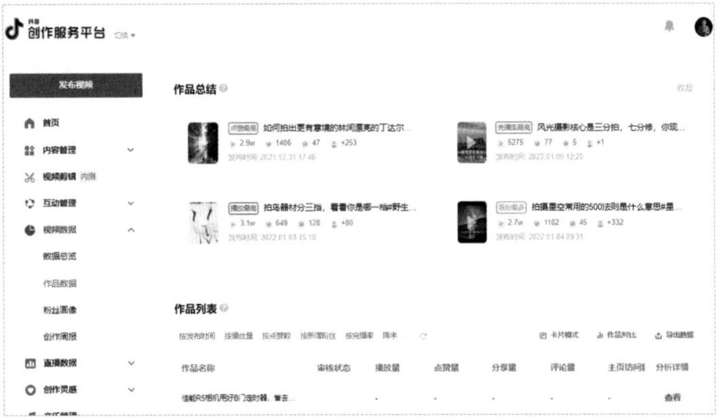

图 43

对作品进行排序

在"作品列表"模块中，可以对最近30天内发布的100条视频作品，按播放量、点赞量、吸粉量、完播率等数据进行排序，如图44所示。

以便创作者从中选择出优质视频进行学习总结，或者作为抖音千川广告投放物料、DOU+广告投放吸粉视频。

因此，创作者应该每个月都对当月视频进行总结，因为相关数据仅能保留30天。

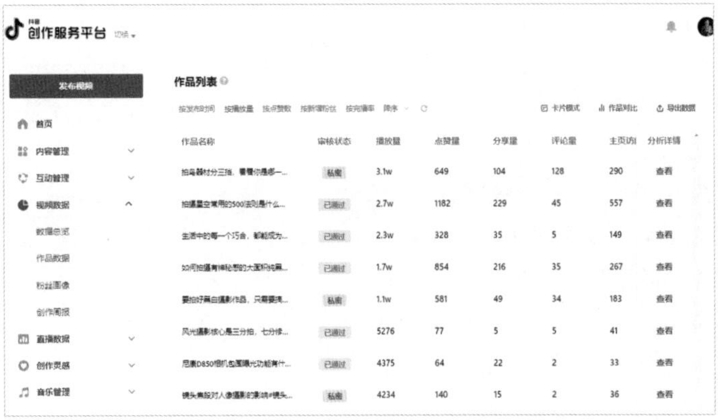

图 44

查看单一作品数据

在"作品列表"模块中，选择需要进一步分析的视频，点击右侧的红色"查看"按钮，显示如图45所示的界面。

在其中可以进一步分析播放量、完播率、均播时长、点赞量、评论量、分享量、新增粉丝量等数据。

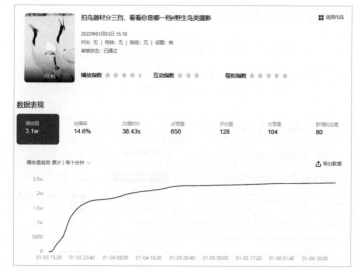

图 45

在"播放量趋势"模块中，建议选择"新增"或"每天"选项，如图46所示，以直观地分析当前视频在最近一段时间的播放情况。多观察此类图表，有助于对视频的生命周期有更进一步的理解。

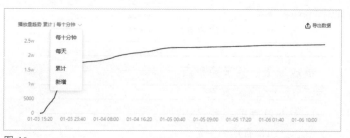

图 46

向下拖动页面，可看到如图47所示的"观看分析"图表，分析当前视频的观众跳出情况。

需要指出的是，虽然系统提示"第2秒的跳出用户比例为15.01%，占比较高。建议优化第2秒的作品内容，优化作品质量"，但实际上，这个跳出率并不算高。这里显示的系统提示，只是一个以红色"秒数"为变量而自动生成的提示语句，实际参考意义不大。

只有当第2秒的跳出用户比例超过50%，并且曲线起伏幅度较大时，此曲线才有一定的参考意义。

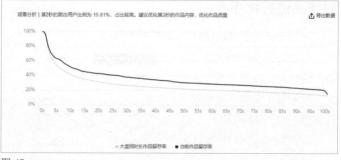

图 47

通过"粉丝画像"更有针对性地制作内容

作为视频创作者，除了需要了解内容是否吸引人，还需要了解吸引到了哪些人，从而根据主要目标受众，有针对性地优化视频。

通过"创作服务平台"中的"粉丝画像"模块，可以对粉丝的性别、年龄、所在地域及观看设备等数据进行统计，以便创作者了解视频的粉丝都是哪些人。

点击页面左侧的"粉丝画像"选项，显示如图 48 所示的页面。

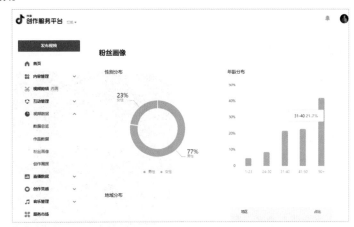

图 48

地域分布数据

通过"地域分布"数据，可以了解粉丝大多处于哪些省份，如图 49 所示，从而避免在视频中出现主要受众完全不了解或没兴趣的事物。

以图 49 为例，此账号的主要粉丝在沿海发达地区，如广东、山东、江苏、浙江等。

因此，发布视频时，首先要考虑地理位置可以定位在上述地区。其次，视频中涉及的内容要考虑上述地区的天气、人文等特点。如果创作者与主要粉丝的聚集地有时差，也要考虑到。

图 49

性别与年龄数据

从图 48 中可以看出，此账号的受众主要为中老年男性。因为在性别分布中，男性观众占据了67%。在年龄分布中，31 ~ 40 岁、41 ~ 50 岁及 50 岁以上的观众加在一起，其数量接近 70%。

因此，在制作视频内容时，就要避免过于使用流行、新潮的元素，因为中老年人往往对这些事物不感兴趣，甚至有些排斥。

通过手机端后台对视频相关数据进行分析

每一个优秀的内容创作者都应该是一个优秀的数据分析师，通过分析整体账号及单一视频的数据为下一步创作找准方向。

本节讲解如何通过手机查找单一视频的相关数据及分析方法。

找到手机端的视频数据

在手机端查看视频数据的方法非常简单，只需以下两步。

1. 浏览想要查看数据的视频，点击界面右下角的三个小点图标，如图 50 所示。

2. 在打开的界面中点击"数据分析"选项，即可查看数据，如图 51 所示。

图 50

图 51

查看视频概况

在"作品概况"选项卡中可以快速了解视频相关数据概况，如图 52 和图 53 所示，可以明显地看出两条视频的区别。

在这里需要特别关注两个数据。第一个是 5 秒完播率，这个数据表明，无论视频时长有多长，5 秒完播率都是抖音重点考核的数据之一，创作者一定要想尽各种方法确保自己的视频在 5 秒之内观众能留下来。

第二个是粉丝播放占比，这个数值越高，代表该视频吸引新粉丝的能力越弱。

图 52

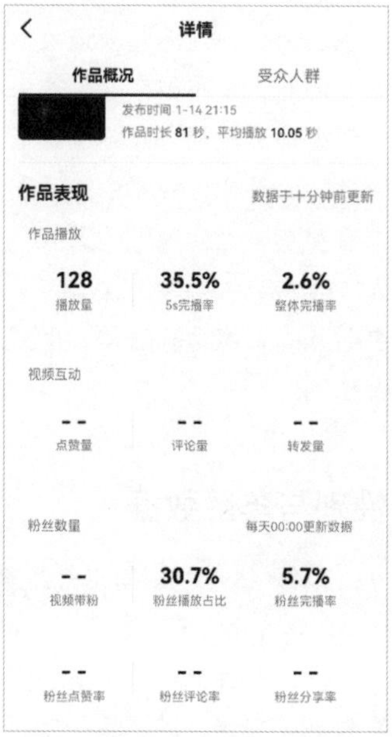

图 53

找到与同类热门视频的差距

在"数据分析"页面的下半部分是"播放诊断"。在此首先需要关注的是如图 54 所示的"播放时长分布"曲线。

这条曲线能够揭示当前视频与同领域相同时长的热门视频在不同时间段的观众留存对比。

一般下有以下 3 种情况。

■ 如果红色曲线整体在蓝色曲线之上，则证明当前视频比同类热门视频更受欢迎，那么只要总结出该视频的优势，在接下来的视频中继续发扬，账号成长速度就会非常快。

■ 如果红色曲线与蓝色曲线基本重合，则证明该视频与同类热门视频质量相当，如图 55 所示。接下来要做的就是继续精进作品，至于精进方法，可参考下面讲解的"点赞分析"方法。

■ 如果红色曲线在蓝色曲线之下，则证明视频内容与热门视频有较大差距，同样需要对视频进行进一步打磨，如图 56 所示。

具体来说，根据曲线线形不同，产生差距的原因也有区别。如果在视频开始的第 2 秒，观众留存率就已经低于热门视频，则证明视频开头没有足够的吸引力。此时，可以通过快速抛出视频能够解决的问题，指出观众痛点，或者优化视频开场画面，来增加视频的吸引力，进而提升观众的留存率。

如果曲线在视频中段或中后段开始低于热门视频的观众留存率，则证明观众虽然对视频选择的话题挺感兴趣，但因为干货不足，或者没有击中问题核心，导致观众流失，如图 57 所示。

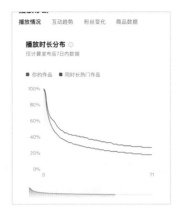

图 54

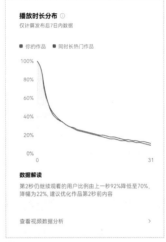

图 55

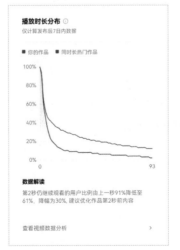

图 56

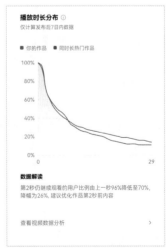

图 57

通过视频数据分析准确找到问题所在

分析前面所讲的曲线对比图，只能找到视频在哪一方面出现了问题，导致其不如热门视频受欢迎，而要想明确视频中的具体问题，还要通过更多数据进行分析。

点击"查看视频数据分析"选项，在打开的界面中，可以通过拖动下方的滑动条，将"观众留存"及"观众点赞"数据与视频内容直观地联系起来，从而准确到哪个画面、哪句话更受欢迎，以及哪些内容不受欢迎。

通过"观看分析"找到问题

所谓"观看分析"曲线，其实就是"观众留存"曲线。通过该曲线与视频内容的联系，可以准确地找到让观众大量流失的内容。

比如图 58 中的"观看分析"曲线显示，观众在视频开始阶段便迅速流失。而同时长的热门视频的曲线如图 59 所示，可以看到流失是比较平缓的。

所以接下来就需要重点分析一下，自己拍的视频为什么在开头就导致了观众如此迅速流失？根据曲线走向，就可以将问题内容定位到视频的前 20 秒，所以只需反复观看视频前 20 秒的内容，并找到导致观众流失的原因即可。

图 58

图 59

通过视频数据分析找到内容的闪光点

通过视频数据分析不仅能找到问题内容，还可以找到内容中的闪光点，进而发现观众喜欢什么内容。

以笔者发布的讲解"对焦追踪灵敏度设置"这条短视频为例，虽然在开头有大量观众流失，但依然有部分观众继续观看了之后的内容，并且该视频也获得了 155 个点赞。通过如图 60 所示的"点赞分析"曲线，即可定位获得观众点赞更多的视频内容，进而为今后的视频创作提供指导。

将时间线移动到"点赞分析"曲线的第一个波峰位置，发现是在实景讲解的部分，如图 61 所示。由此可知，相比相机功能讲解而言，观众更喜欢通过实拍进行讲解的形式。

可能有读者觉得，如果只靠一个"点赞波峰"就做出此推断过于草率，所以笔者又将时间线移动到了第二个明显的"点赞波峰"上，发现同样为场景实拍部分，从而证明分析是可靠的。

图 60

图 61